Laser in der Materialbearbeitung
Forschungsberichte des IFSW

R. Wahl
Robotergeführtes Laserstrahlschweißen
mit Steuerung der Polarisationsrichtung

# Laser in der Materialbearbeitung
## Forschungsberichte des IFSW

Herausgegeben von
Prof. Dr.-Ing. habil. Helmut Hügel, Universität Stuttgart
Institut für Strahlwerkzeuge (IFSW)

Das Strahlwerkzeug Laser gewinnt zunehmende Bedeutung für die industrielle Fertigung. Einhergehend mit seiner Akzeptanz und Verbreitung wachsen die Anforderungen bezüglich Effizienz und Qualität an die Geräte selbst wie auch an die Bearbeitungsprozesse. Gleichzeitig werden immer neue Anwendungsfelder erschlossen. In diesem Zusammenhang auftretende wissenschaftliche und technische Problemstellungen können nur in partnerschaftlicher Zusammenarbeit zwischen Industrie und Forschungsinstituten bewältigt werden.

Das 1986 gegründete Institut für Strahlwerkzeuge der Universität Stuttgart (IFSW) beschäftigt sich unter verschiedenen Aspekten und in vielfältiger Form mit dem Laser als einer Werkzeugmaschine. Wesentliche Schwerpunkte bilden die Weiterentwicklung von Strahlquellen, optischen Elementen zur Strahlführung und Strahlformung, Komponenten zur Prozeßdurchführung und die Optimierung der Bearbeitungsverfahren. Die Arbeiten umfassen den Bereich von physikalischen Grundlagen über anwendungsorientierte Aufgabenstellungen bis hin zu praxisnaher Auftragsforschung.

Die Buchreihe „Laser in der Materialbearbeitung – Forschungsberichte des IFSW" soll einen in Industrie wie in Forschungsinstituten tätigen Interessentenkreis über abgeschlossene Forschungsarbeiten, Themenschwerpunkte und Dissertationen informieren. Studierenden soll die Möglichkeit der Wissensvertiefung gegeben werden. Die Reihe ist auch offen für Arbeiten, die außerhalb des IFSW, jedoch im Rahmen von gemeinsamen Aktivitäten entstanden sind.

# Robotergeführtes Laserstrahlschweißen mit Steuerung der Polarisationsrichtung

Von Dr.-Ing. Roland Wahl
Universität Stuttgart

Springer Fachmedien Wiesbaden GmbH 1994

D 93

Als Dissertation genehmigt von der Fakultät für Konstruktions- und Fertigungstechnik der Universität Stuttgart.

Hauptberichter: Prof. Dr.-Ing. habil. H. Hügel
Mitberichter:    Prof. Dr.-Ing. H.-J. Warnecke

Die Deutsche Bibliothek – CIP-Einheitsaufnahme

**Wahl, Roland:**
Robotergeführtes Laserstrahlschweißen mit Steuerung der
Polarisationsrichtung / von Roland Wahl.
   (Laser in der Materialbearbeitung)
   Zugl.: Stuttgart, Univ., Diss.
   ISBN 978-3-519-06211-0     ISBN 978-3-663-12345-3 (eBook)
   DOI 10.1007/978-3-663-12345-3

# Kurzfassung


In der Arbeit werden Funktionsweise und Eigenschaften eines neuen Gerätes zur gezielten Steuerung der Polarisationsrichtung in der räumlichen Lasermaterialbearbeitung vorgestellt und die damit erzielbaren Verfahrensvorteile beim Laserstrahlschweißen mit einer robotergeführten Laseranlage exemplarisch demonstriert. Bislang ist in der räumlichen Lasermaterialbearbeitung ein gezielter Einsatz linearer Polarisation nicht möglich, weshalb sie in eine zirkulare umgewandelt wird. Die Orientierung der linearen Polarisation geht dabei als ein Verfahrensparameter, der eine gezielte Anpassung der Strahleigenschaften an die Bearbeitungsaufgabe ermöglicht, verloren.

Das in dieser Arbeit entwickelte LIPOR-Gerät erlaubt es nun, die Orientierung linearer Polarisation entlang beliebiger räumlicher Bearbeitungsbahnen gezielt zu steuern. Es besteht aus zwei Geräteteilen, einer angetriebenen mechanisch-optischen Strahldreheinheit und einer Recheneinheit zu deren Steuerung. Die Strahldreheinheit verursacht eine Drehung des Laserstrahles um dessen eigene Achse und dreht auf diesem Wege auch die Polarisationsorientierung. Die Recheneinheit ermöglicht eine NC-gesteuerte Beeinflussung der Polarisationsrichtung relativ zur Bearbeitungsrichtung.

Nach dem Einbau des LIPOR-Gerätes in eine robotergeführte Laseranlage wurden Untersuchungen zum Laserstrahlschweißen von St 14 Blech der Dicke 1 mm durchgeführt. Ausgeführt wurden Liniennähte am einschnittigen Überlappstoß und I-Nähte am Stumpfstoß.

Am Überlappstoß ermöglicht eine parallele Polarisation zur Erreichung einer vorgegebenen Nahttiefe um 20 % höhere Bearbeitungsgeschwindigkeiten gegenüber dem bisherigen Stand der Technik, der zirkularen Polarisation. Zur Erreichung erhöhter Nahtbreiten in der Stoßebene erweist sich eine senkrechte Polarisation als vorteilhaft. Gegenüber zirkularer Polarisation werden identische Nahtbreiten bei 40 % höheren Schweißgeschwindigkeiten erreicht.

Zur Erzeugung der I-Nähte am Stumpfstoß wurde eine dreischrittige Verfahrensfolge aus Laserstrahl-Schmelzschneiden und Laserstrahlschweißen gewählt. Beim Laserstrahl-Schmelzschneiden ermöglicht eine parallele Polarisation um 20 % höhere Schnittgeschwindigkeiten als im Fall zirkularer Polarisation. Die neu gegebene Möglichkeit, nach den Schnitten zum Schweißen gezielt auf eine senkrechte Polarisation umzustellen, führt zu einer Erhöhung der minimalen Nahtbreiten und damit auch der tolerierbaren Strahlfehlpositionierungen um 70 %.

# Vorwort

Die vorliegende Dissertation entstand während meiner Tätigkeit als wissenschaftlicher Mitarbeiter am Institut für Strahlwerkzeuge (IFSW) der Universität Stuttgart.

Ich danke Herrn Prof. Dr.-Ing. H. Hügel, dem Leiter des Instituts für Strahlwerkzeuge, für seinen fachlichen Rat und die großzügige Unterstützung, ohne die die Durchführung dieser Arbeit nicht möglich gewesen wäre. Ich danke ihm außerdem auch für viele Ratschläge, die meine persönliche Weiterentwicklung förderten.

Herrn Prof. Dr.-Ing. H.-J. Warnecke danke ich für die Durchsicht meiner Arbeit und die Erstellung des Mitberichtes.

Mein besonderer Dank gilt Herrn Dr. rer. nat. F. Dausinger, der den Fortschritt der Arbeit mit großem Interesse begleitete. Die mit ihm geführten fachlichen Diskussionen und seine wertvollen Anregungen waren wichtig für das Gelingen dieser Arbeit.

Den Mitarbeitern und Studenten des IFSW danke ich für die kooperative Unterstützung und für die Beiträge zum redaktionellen Gelingen der Arbeit. Die kameradschaftliche Form der Zusammenarbeit mit meinen Kollegen trug wesentlich zum erfolgreichen Ablauf der Arbeit bei.

Berlin, Dezember 1993      Roland Wahl

# Inhaltsverzeichnis

# Abkürzungen und Formelzeichen

| | | |
|---|---|---|
| A, B, C | Orientierungswinkel im kartesischen Raum | ° |
| $A_E$ | Eckenfehler nach Richtlinie VDI 2861 | mm |
| $A_U$ | Überschwingfehler nach Richtlinie VDI 2861 | mm |
| b | Nahtbreite | mm |
| $CO_2$ | chem. Kurzz. f. Kohlenstoffdioxid | |
| Cu | chem. Kurzz. f. Kupfer | |
| cw | "continuous wave", kontinuierlicher Verlauf der Laserstrahlleistung | |
| D | Durchmesser des unfokussierten Strahls am Ort der Fokussieroptik | mm |
| d | Durchmesser | mm |
| $d_0$ | Taillendurchmesser des unfokussierten Strahls | mm |
| $d_f$ | Fokusdurchmesser | mm |
| E | Streckenenergie (P/v) | J/mm |
| F | Fokussierzahl (f/D) | |
| Fe | chem. Kurzz. f. Eisen | |
| f | Brennweite | mm |
| $f_z$ | Fokuslage relativ zur Werkstückoberfläche | mm |
| | (+ : über Werkstückoberfläche, | |
| | - : unter Werkstückoberfläche) | |
| $\Delta f$ | Fokuslagenverschiebung durch Divergenz des unfokussierten Strahls | mm |
| GF | durch Justierfehler des Polarisationsdrehgerätes verursachte | |
| | Verschiebung des Strahlauftreffpunktes in einer Beobachtungsebene | mm |
| h, $h_1$ | Nahtunterwölbung | mm |
| $h_2$ | Wurzelrückfall | mm |
| $I_{max}$ | maximale Leistungsdichte | $W/cm^2$ |
| K | Strahlqualitätszahl | |
| k | Ganzzahl | |
| LA | Strahlaustrittsort des LIPOR | |
| LE | Strahleintrittsort des LIPOR | |
| LIPOR | Linearpolarisations-Orientierer | |
| l | Nahtlänge | mm |
| NC | "numerical control", numerische Steuerung | |
| n | Ganzzahl | |
| $n_{rel}$ | Quotient der Brechzahlen von an einer Grenzfläche zusammen- | |
| | treffenden optischen Medien | |
| P | Leistung | W |
| $P_L$ | Laserstrahlleistung | W |
| PC | "personal computer", Personalcomputer | |
| p | Polarisationsgrad | |
| R | Reflexionsgrad der Laserstrahlleistung | |
| $R_a$ | größter Istbahnradius nach Richtlinie VDI 2861 | mm |
| $R_i$ | kleinster Istbahnradius nach Richtlinie VDI 2861 | mm |
| $R_s$ | Sollbahnradius (Bezeichnung nach Richtlinie VDI 2861 | mm |

| | | |
|---|---|---|
| $R_z$ | gemittelte Rauhtiefe nach DIN 4768 | µm |
| $\Delta R$ | Bahnradiusdifferenz nach Richtlinie VDI 2861 | mm |
| RF | den Reflexionsgrad der elektrischen Feldstärke betreffender Faktor | |
| S | Spiegel | |
| SF | durch Justierfehler des in das Polarisationsdrehgerät einfallenden Strahles verursachte Verschiebung des Strahlauftreffpunktes in einer Beobachtungsebene | mm |
| SP | Spiegelpunkt | |
| St 14 | Stahlsortenbezeichnung | |
| s | Fügespaltweite | mm |
| T | Temperatur | °C |
| t | (1) Zeit [s] ; (2) Nahttiefe [mm] | |
| $TEM_{m,n}$ | Transversaler Mode des Laserstrahls: Hermite-Gaußmode der Ordnung m,n | |
| $TEM_{p,l}$ | Transversaler Mode des Laserstrahls: Laguerre-Gaußmode der Ordnung p,l | |
| TCP | "tool-center-point", Werkzeugbezugspunkt | |
| u | Rechtwinkligkeits- und Neigungstoleranz | µm |
| X, Y, Z | Kartesische Raumkoordinaten | mm |
| v | Geschwindigkeit | m/min |
| $v_{prog}$ | programmierte Bahngeschwindigkeit | m/min |
| z | Abstand zwischen Taille des unfokussierten Strahls und Fokussieroptik | mm |
| $z_{R0}$ | Rayleigh-Länge des unfokussierten Strahls | mm |
| $z_{Rf}$ | Rayleigh-Länge des fokussierten Strahls | mm |
| | | |
| 1 D | eindimensional (linear) | |
| 2 D | zweidimensional (eben) | |
| 3 D | dreidimensional (räumlich) | |
| | | |
| $\alpha$ | Einfallswinkel | ° |
| $\alpha_B$ | Brewster-Winkel | ° |
| $\beta$ | Orientierungswinkel der Polarisation zur Einfallsebene | ° |
| $\gamma$ | Orientierungswinkel der Polarisation zur Bearbeitungsrichtung | ° |
| $\eta$ | Prozeßwirkungsgrad | |
| $\Theta$ | Divergenz des unfokussierten Strahls | mrad |
| $\Theta_f$ | Divergenz des fokussierten Strahls | mrad |
| $\lambda$ | Wellenlänge | µm |
| $\varphi$ | Drehwinkel | ° |
| $\varphi_{Shift}$ | Winkel der Phasenverzögerung | ° |
| $\dot{\varphi}$ | Winkelgeschwindigkeit | °/s |
| $\omega$ | Winkelgeschwindigkeit | °/s |

**Vektoren:**

| | |
|---|---|
| $\underline{E}$ | elektrischer Feldstärkevektor |
| $\underline{E}_p$ | parallel zur Einfallsebene orientierter Anteil des elektrischen Feldstärkevektors |
| $\underline{E}_s$ | senkrecht zur Einfallsebene orientierter Anteil des elektrischen Feldstärkevektors |
| $\underline{N}$ | Normalenvektor einer Spiegeloberfläche |
| $\underline{P}$ | Polarisationsvektor (Richtungsvektor der elektrischen Feldstärke) |
| $\underline{PTCP}$ | Polarisationsvektor am Werkzeugbezugspunkt |
| $\underline{R}_p$ | parallel zur Einfallsebene orientierter Richtungsvektor |
| $\underline{R}_s$ | senkrecht zur Einfallsebene orientierter Richtungsvektor |
| $\underline{S}$ | Richtungsvektor einer Strahlachse |
| $\underline{SP}$ | Ortsvektor eines Spiegelpunktes |
| $\underline{TCP}$ | Ortsvektor des Werkzeugbezugspunktes |
| $\underline{TR}$ | Trajektorie, Bewegungsrichtung |

**Indizierung:**

| | |
|---|---|
| aus | den ausfallenden Strahl betreffend |
| ein | den einfallenden Strahl betreffend |
| Gerät | das Polarisationsdrehgerät betreffend |
| i | Ganzzahl |
| max | maximal |
| min | minimal |
| n | Ganzzahl |
| norm. | normiert (Vektorlänge = 1) |
| p | parallel |
| Pol. | die Polarisationsebene betreffend |
| Soll | Sollwert |
| SP | die Spiegeloberfläche betreffend |
| s | senkrecht |
| V | Verlust |

# 1 Einleitung

Der Laser ist ein im Jahr 1960 erstmals von Theodore H. Maiman entwickeltes technisches Gerät. Die darin erzeugte Laserstrahlung ist monochrom und kohärent, was eine besonders scharfe Bündelung der Strahlung erlaubt. Zahlreiche Weiterentwicklungen der Lasertechnik führten seither dazu, daß heute der Bau von Lasern sehr unterschiedlicher Wellenlängen und Leistungen möglich ist.

Mit dem Einsatz von Lasern als thermischen Werkzeugen zur Materialbearbeitung wurde in den siebziger Jahren begonnen. Insbesondere das Laserstrahlschneiden ist in der Zwischenzeit zu einem in der industriellen Fertigung fest etablierten Verfahren geworden [1.1, 1.2]. Das Laserstrahlschweißen findet im Vergleich dazu noch eine geringere Verbreitung, da die für dieses Verfahren benötigten höheren Laserleistungen - insbesondere wenn wie hier kontinuierliches Nahtschweißen und nicht Punktschweißen betrachtet werden soll - erst seit kürzerer Zeit verfügbar sind. Der dafür am häufigsten eingesetzte Laser ist der $CO_2$-Laser. Diese Tatsache gründet sich auf die technische Ausgereiftheit der $CO_2$-Lasergeräte sowie auf die Verfügbarkeit von zum Schweißen ausreichend hohen Laserleistungen bei vergleichsweise hohen Strahlqualitäten und Wirkungsgraden [1.3].

Das Laserstrahlschweißen gehört nach DIN 1910 zur Verfahrensgruppe des SchmelzVerbindungsschweißens [1.4]. Gegenüber konkurrierenden Schweißverfahren besticht das Laserstrahlschweißen durch die hohen erzielbaren Bearbeitungsqualitäten, welche vor allem auf den geringen und lokal eng begrenzten Energieeintrag in die Werkstücke zurückzuführen sind. Diese enge Begrenzung führt andererseits implizit zu hohen Genauigkeitsanforderungen bezüglich der Positionierung des Laserstrahls zu den Fügestellen [1.5]. Erste industrielle Anwendungen waren entsprechenderweise eindimensionale Schweißaufgaben mit einfach erzeugbaren Relativbewegungen entlang sehr maßhaltig gefertigter Werkstücke.

So werden seit 1984 rotationssymmetrische Teile zu Tassenstößeln für Otto-Motoren verschweißt [1.6]. Die eindimensionale Relativbewegung zwischen Strahl und Fügestelle wird dabei durch Bewegen des Werkstückes mittels Rundtisch erzeugt. Allgemein kann die Erzeugung rotationssymmetrischer Nähte im Motor- und Getriebebau mittels Laserstrahlschweißen heute als Stand der Technik angesehen werden [1.7]. Auch im Dünnblechbereich, wo durch den Laser ein besonders verzugsarmes Schweißen ermöglicht wird, bestehen etablierte Anwendungen beim Verschweißen ebener, durch Scherschneiden vorbereiteter Platinen mittels geradliniger Schweißnähte. Auf diese Weise werden beispielsweise im Automobilbau aus Blechen unterschiedlicher Dicke maßgeschneiderte Platinen zum Tiefziehen von Karosserie-Seitenwänden hergestellt [1.8, 1.9].

Die durch das Laserstrahlschweißen gegebenen neuen Möglichkeiten der Werkstückgestaltung sowie die wirtschaftlichen Vorteile des Verfahrens führten in jüngster Zeit auch zu ersten Einsätzen des Laserstrahlschweißens an räumlichen Bauteilen in der industriellen Serienfertigung [1.10, 1.11]. Hier erbrachte vor allem die ganzheitliche Betrachtung des Laserstrahlschweißens im Produktionsprozeß, einschließlich der damit verbundenen Vor- und Nacharbeitsgänge, ausschlaggebende Vorteile.

Das Schweißen räumlich verlaufender Nähte ist jedoch erst wenig entwickelt. Größtes Einsatzhemmnis ist die relativ geringe Fehlertoleranz des Prozeßes gegenüber Fehlpositionierungen des Laserstrahls zu den Fügestellen, die eine hohe Bahngenauigkeit der einzusetzenden Anlage erforderlich macht. In der Vergangenheit wurde diese Anforderung fast ausschließlich durch Portalanlagen bei niedrigen Bearbeitungsgeschwindigkeiten erfüllt [1.12].

Die Realisierung höherer, mit ausreichender Genauigkeit erreichbarer Anlagengeschwindigkeiten sowie auch der Einsatz kostengünstigerer Roboteranlagen würden daher, aufgrund der damit verbundenen Steigerungen der Wirtschaftlichkeit, zu einer stärkeren Verbreitung des räumlichen Laserstrahlschweißens beitragen. Zahlreiche Entwicklungen zur Maschinendynamik und Sensortechnik befassen sich entsprechenderweise mit diesen Themen [1.13, 1.14, 1.15]. Parallel dazu wird durch eine laserstrahlschweißgerechte Konstruktion der Werkstücke versucht, die Einsatzmöglichkeiten des Laserstrahlschweißens zu erweitern [1.16, 1.17, 1.18].

Eine wichtige Aufgabenstellung aus lasertechnischer Sicht ist in diesem Zusammenhang die Entwicklung neuer Geräte und Verfahren, welche angepaßt an die jeweilige Schweißaufgabe dazu beitragen, sowohl die Fehlertoleranz als auch die Wirtschaftlichkeit des räumlichen Laserstrahlschweißens zu erhöhen.

Im Rahmen dieser Aufgaben befaßt sich die vorliegende Arbeit mit der Verfahrensentwicklung zum robotergeführten Laserstrahlschweißen. Ein im Verlauf dieser Arbeit entwickeltes Gerät ermöglicht dabei erstmalig den gezielten Einsatz linear polarisierter Laserstrahlung in der **räumlichen** Lasermaterialbearbeitung. Die Orientierung der Linearpolarisation stellt durch dieses Gerät bei räumlichen Laseranwendungen zukünftig einen neuen steuerbaren Prozeßparameter dar.

In den verfahrenstechnischen Untersuchungen dieser Arbeit wird aufgezeigt, daß eine entsprechend den Erfordernissen der Schweißaufgabe gesteuerte Orientierung der Linearpolarisation neue Möglichkeiten der Verfahrensoptimierung schafft, sowohl bezüglich der Fehlertoleranz als auch der Wirtschaftlichkeit des Laserstrahlschweißens.

# 2 Grundlagen

## 2.1 Lasergerät

### 2.1.1 Laserprinzip

Das Wort Laser ist eine Zusammensetzung der Anfangsbuchstaben von "Light Amplification by Stimulated Emission of Radiation". Der schematische Aufbau eines Lasers ist in Bild 2.1 dargestellt.

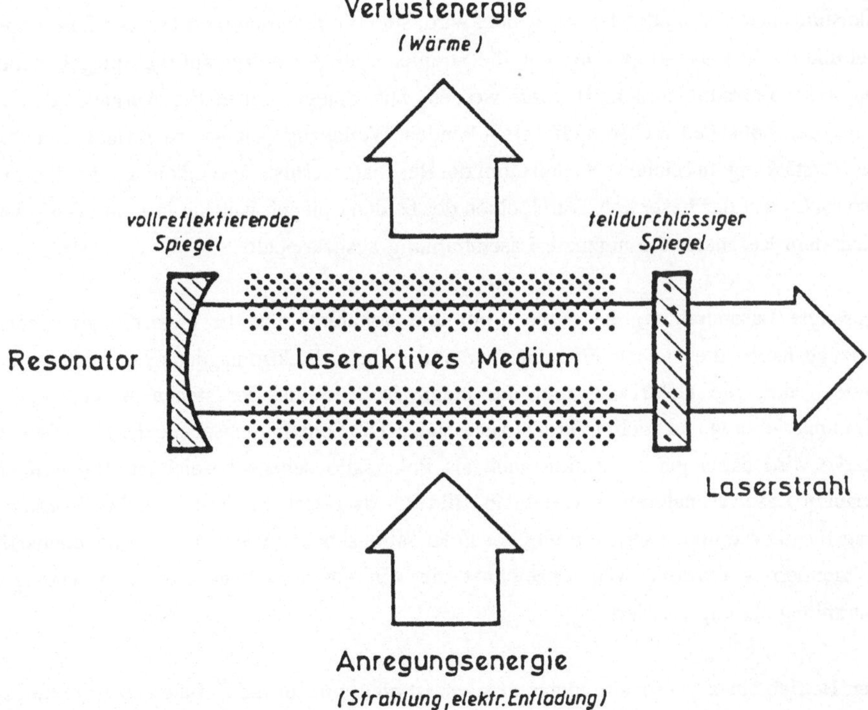


Bild 2.1:     Schema eines Lasers (Quelle: [2.1]).

Voraussetzung für die Erzielung des Laser-Effekts ist die Überführung eines dafür geeigneten Mediums (zumeist Gase oder Ionen in kristallinen Festkörpern) vom Zustand des thermodynamischen Gleichgewichts in einen Nichtgleichgewichtszustand, den laseraktiven Zustand. Dieser ist dann erreicht, wenn sich durch eine von außen in das Medium eingebrachte

Anregungsenergie (z.B. durch elektrische Felder oder Strahlung) mehr Teilchen des Mediums in höheren Energieniveaus befinden als in niedrigen (Inversionszustand). Die in den Teilchen des Mediums gespeicherte Energiemenge kann dabei nur bestimmte - gequantelte - Werte annehmen. Das laseraktive Medium ist in der Lage, diese zusätzlich gespeicherte Energie in Form von elektromagnetischen Wellen (Laserstrahlung) wieder abzugeben oder vorhandene Wellen zu verstärken [2.1].

Wird das durch die Anregungsenergie erzeugte laseraktive Medium zwischen zwei Spiegeln angeordnet, so entsteht ein optischer Resonator. In Bild 2.1 ist ein konfokal stabiler Resonator dargestellt. Bei diesem Resonatorkonzept, welches heute für moderne $CO_2$-Hochleistungslaser am häufigsten verwendet wird, sind die Krümmungsradien der Resonatorspiegel und ihr Abstand so gewählt, daß die Strahlen beim Auftreffen auf die Spiegel immer in den Resonatorraum zurückreflektiert werden. Die Spiegel haben die Aufgabe, den in Richtung der optischen Achse sich verstärkenden Wellenzug solange zu reflektieren, bis dessen Verstärkung hinreichend hoch ist, um die Resonatorverluste auszugleichen. Ist dies der Fall, so "schwingt der Laser an". Durch einen der beiden Spiegel, welcher teildurchlässig ist, wird aus dem Resonator die nutzbare Laserstrahlung ausgekoppelt.

Die erzeugte Laserstrahlung ist monochrom und kohärent, d.h. die elektromagnetischen Wellenzüge haben die gleiche Frequenz und Phasenlage. Elektromagnetische Wellen sind transversal, d.h. die elektrische und die magnetische Feldstärke stehen senkrecht zur Ausbreitungsrichtung und auch senkrecht zueinander. Die Schwingungsebene der elektrischen Feldstärke wird dabei per Definition auch als Polarisationsebene bezeichnet. Bei einfach aufgebauten Laserresonatoren, wie dem in Bild 2.1 dargestellten, besteht keine Vorzugsrichtung für die räumliche Orientierung der Polarisationsebene, weshalb sich eine stochastische Orientierung einstellt. Man bezeichnet die von einem solchen Resonator erzeugte Laserstrahlung als unpolarisiert.

Um den Betrieb eines Lasers aufrechtzuerhalten, ist nicht nur für die Zufuhr von Anregungsenergie, sondern auch für eine effiziente Abfuhr der Verlustenergie zu sorgen, die in Form von Wärme im laseraktiven Medium freigesetzt wird. Geschähe dies nicht, so würde dessen Temperatur ansteigen und die Inversion abgebaut [2.2]. Ein effizienter Laser zeichnet sich also neben einer bestmöglichen Anregung durch eine ebensogute Kühlung aus.

Generell gilt, daß die optischen Eigenschaften eines Lasers wie Wellenlänge, Leistung, Betriebsweise (Dauerstrich- oder Pulsbetrieb), Strahlqualität (Strahlmode, Divergenzwinkel),

Polarisation, wie auch sein Wirkungsgrad und seine Kompaktheit durch die jeweiligen Merkmale von laseraktivem Medium, Anregungs- und Kühltechnik sowie dem Resonatorkonzept bestimmt werden.


### 2.1.2   $CO_2$-Laser

Der $CO_2$-Laser, der Laserstrahlung mit 10,6 μm Wellenlänge ausstrahlt, verdankt seine große Bedeutung und weite Verbreitung in der Lasermaterialbearbeitung Merkmalen wie hohem Wirkungsgrad und relativ einfachen technischen Realisierungsmöglichkeiten hoher Strahlleistungen [2.3].

Der Inversionszustand und die Emission von Lichtwellen findet bei diesem Lasertyp zwischen zwei Schwingungszuständen (Energieniveaus) des $CO_2$-Moleküls statt. Die Anregung der $CO_2$-Moleküle erfolgt durch Stöße mit Elektronen und durch Stöße mit auf die gleiche Weise angeregten $N_2$-Molekülen. Da Stickstoff die Eigenschaft hat, Schwingungsenergie besonders gut speichern zu können, enthält ein typisches Lasergasgemisch deutlich mehr $N_2$ (ca. 15 %) als $CO_2$ (ca. 5 %). Der überwiegende Anteil jedoch ist Helium (ca. 80 %). Dieses leichte Gas wird benötigt, um durch Stöße mit $CO_2$-Molekülen deren nicht als Licht abgestrahlten Anteil der Anregungsenergie abzuführen und so die Inversion aufrechtzuerhalten.

Die für die Stoßanregung der Moleküle erforderlichen Elektronen werden in einer Glimmentladung erzeugt. Bei der Auswahl des Entladungskonzeptes stehen die Zielgrößen Effizienz (hoher Wirkungsgrad, geringe Gasverunreinigung), Leistungsdichte (hohe Kompaktheit) und Homogenität (hohe Strahlqualität) im Vordergrund. Bei Industrielasern sind heute die Gleichstrom- und die Hochfrequenzentladung von Bedeutung. Diese beiden Konzepte sind in Bild 2.2 dargestellt [2.2].

Während bei der Gleichstromentladung die Energieeinkopplung direkt über metallische Elektroden erfolgt, kann sie bei der Hochfrequenzentladung kapazitiv über ein zwischen den Elektroden und dem Lasergas positioniertes dielektrisches Material (z.B. Glas oder Keramik) vorgenommen werden. In diesem Fall besitzt das laseraktive Medium keine direkte Berührung mit den Metallelektroden, so daß diese beim Entladungsvorgang nicht kontaminiert und geschädigt werden. Als Vorteil resultiert, daß der Gasaustausch auf ein Mindestmaß gesenkt und das Reinigen oder Austauschen der Elektroden entfallen kann.

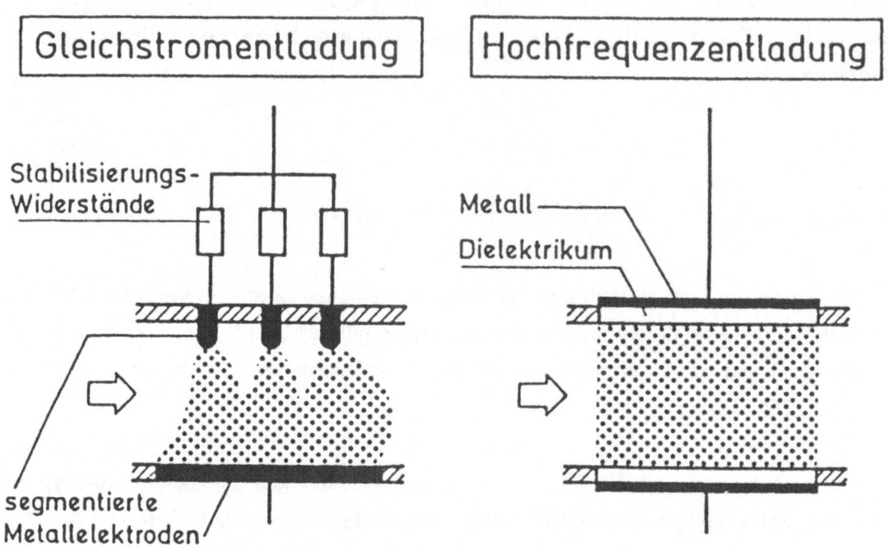


**Bild 2.2:**        Anregungstechniken für $CO_2$-Hochleistungslaser (Quelle: [2.2]).

Nachteile der Gleichstromentladung bestehen weiterhin hinsichtlich der Stabilität und Gleich-
mäßigkeit der Entladung. So neigen Gleichstromentladungen dazu, sich in Gebieten niedriger
Dichte zu kontrahieren, was zu Inhomogenitäten führt. Dadurch kann es bei hohen Leistungsdichten zu einem Umschlag von der Glimm- in eine Lichtbogenentladung kommen.

Bei Hochfrequenzentladungen führt der kapazitive Spannungsabfall im Dielektrikum zu einer
Stabilisierung der Entladung. Durch die Wahl der Materialdicke kann in einfacher Weise der
gewünschte Grad an Homogenität erreicht werden. Er bleibt auch bei hohen Leistungsdichten,
Leistungsvariationen oder im Pulsbetrieb erhalten [2.3, 2.4]. So wird eine gleichmäßige und
unveränderte Strahlqualität bei unterschiedlichen Betriebszuständen erreicht.

Den physikalischen Vorteilen der Hochfrequenz- gegenüber der Gleichstromentladung stehen
als Nachteil höhere Kosten gegenüber. Sie entstehen durch hohe Preise der HF-Generatoren
sowie deren geringem Wirkungsgrad von 60 bis 70 %.

Bei der Anregung des laseraktiven Mediums kommt es zu einer Erhitzung des Gasgemisches
(Relaxations- und Ohmsche Heizung). In leistungsstarken, modernen Lasern wird daher das
Gas kontinuierlich umgewälzt. Es wird in einer Zwangsströmung aus dem Entladungsraum

geführt und durch einen Gaskühler geleitet. Zur technischen Realisierung der Gasströmung werden bei den heutigen Hochleistungslasern zwei unterschiedliche Konzepte eingesetzt, die in Bild 2.3 dargestellt sind [2.2].

Beim längsgeströmten Laser liegt die Gasströmungsrichtung im Entladungsraum parallel zur optischen Achse des Resonators. Beim quergeströmten Laser stehen die Richtungen von Gasströmung, elektrischem Feld und optischer Achse senkrecht zueinander. Beide Konzepte weisen eine gute Skalierbarkeit der maximal erzeugbaren Laserleistung auf, welche durch Hintereinanderschalten mehrerer modular aufgebauter Entladungsstrecken erreicht werden kann.

Längsgeströmte Laser mit Hochfrequenzanregung sind zur Zeit kommerziell mit Strahlleistungen zwischen 0,5 und 10 kW verfügbar und finden eine weite Verbreitung in der industriellen Anwendung.

Aufgrund ihrer in Strömungsrichtung wesentlich kürzeren Entladungszonenlänge besitzen quergeströmte Laser eine noch bessere Eignung zur Erzielung hoher Laserleistungen [2.1, 2.3]. Industriell verfügbar sind heute Geräte mit bis zu 25 kW Strahlleistung.

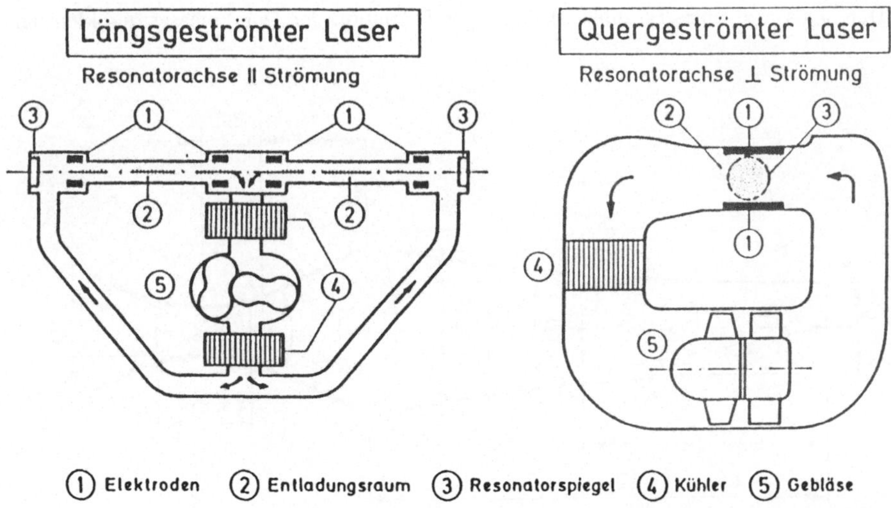


Bild 2.3:       Technische Konzepte von $CO_2$-Hochleistungslasern [2.2].

Der Wirkungsgrad der Gasentladung im laseraktiven Medium (Laserstrahlleistung / elektrische Anregungsleistung) beträgt ungefähr 20 %. Der Gesamtwirkungsgrad der $CO_2$-Lasergeräte ist wegen des Leistungsbedarfes zur Gasumwälzung, Kühlung und Anregungsenergieerzeugung geringer und beträgt ca. 10 %.

## 2.2   Strahlführung und Strahlformung

Bei der Materialbearbeitung mit Laserstrahlen ist auf die Auswahl einer geeigneten Leistungsdichte des Strahls auf dem Werkstück zu achten. Einfluß auf die Leistungsdichte hat neben der Strahlleistung auch der Brennfleckdurchmesser. Um die für das Laserstrahlschweißen erforderlichen Mindestleistungsdichten auf dem Werkstück zu erzeugen, muß der Laserstrahl fokussiert werden. Der durch Fokussierung erzielbare Brennfleckdurchmesser ist abhängig von den Strahleigenschaften Wellenlänge, Modenstruktur und Divergenzwinkel. Mit Ausnahme der Wellenlänge, die im wesentlichen durch das laseraktive Medium festgelegt ist, hängen die anderen genannten Größen vor allem von der technischen Gestaltung des Lasers ab.

Die nachfolgenden Berechnungen zu den Eigenschaften eines fokussierten Laserstrahls sollen auf Basis der in Bild 2.4 dargestellten Zusammenhänge und Formelzeichen erfolgen. Unter dem Durchmesser d eines Strahles ist dabei per Definition der Durchmesser des kleinsten

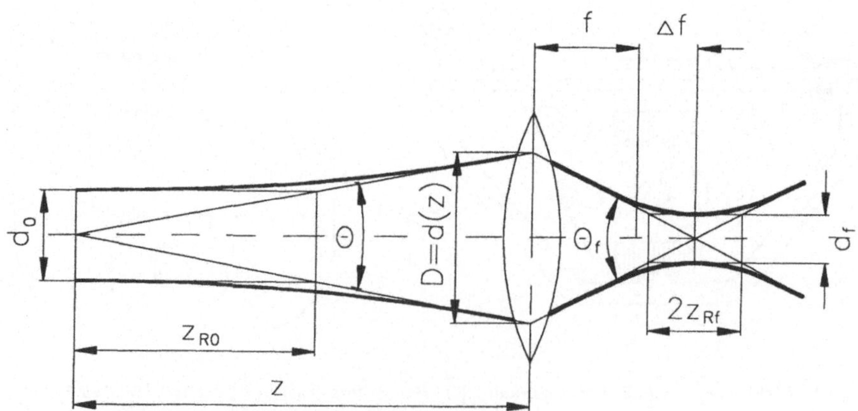


Bild 2.4:        Fokussierung eines Gauß'schen Laserstrahls.

Kreises in der Ebene senkrecht zur Strahlachse zu verstehen, innerhalb dessen 86 % der gesamten Strahlleistung auftreffen [2.5]. Bild 2.5 stellt diese Definition bildlich dar.

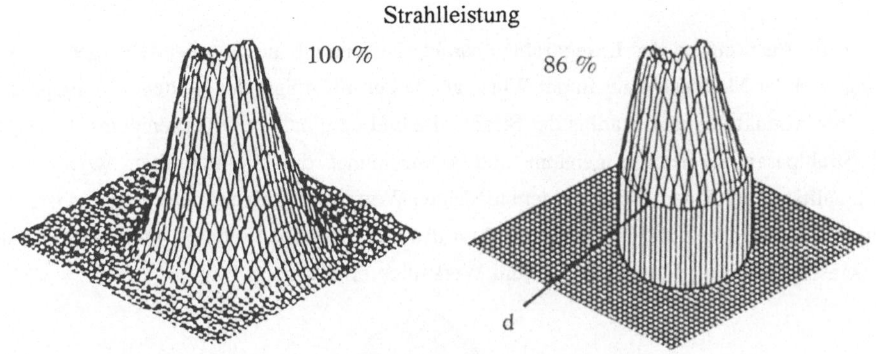


Bild 2.5:      Definition des Durchmessers d eines Laserstrahls [2.5].

Der erzielbare Brennfleckdurchmesser $d_f$ eines mit einer bestimmten Optik (Brennweite f, Abstand zur Rohstrahltaille z) fokussierten Strahls ist zum einen proportional der Wellenlänge und zum anderen proportional dem Produkt aus dem Durchmesser $d_0$ der Rohstrahltaille und dem Divergenzwinkel $\Theta$ des Rohstrahls.

Der Divergenzwinkel $\Theta$ hängt unmittelbar mit der Feldverteilung in der elektromagnetischen Welle, der sogenannten Modenstruktur, zusammen. Entscheidende Einflußgröße auf Modenstruktur und Divergenzwinkel ist die geometrische Gestaltung des Resonators.

Bei den gebräuchlichsten Resonatorgeometrien, den stabilen Resonatoren, bilden sich sogenannte Gaußmoden aus, die gekennzeichnet sind durch ganz bestimmte Leistungsdichte- und Phasenverteilungen über dem Strahlquerschnitt. So folgt beispielsweise beim Grundmode oder $TEM_{00}$-Mode (transversal elektromagnetisch) die Leistungsdichteverteilung in der Ebene senkrecht zur Ausbreitungsrichtung einer Gauß'schen Kurve, während die Flächen konstanter Wellenphase Sphären sind. In der Strahltaille ist diese Fläche eine Ebene (Sphärenradius $\infty$) [2.6].

Bild 2.6 zeigt die örtlichen Leistungsdichteverteilungen mehrerer bei stabilen Resonatoren möglicher Moden. Die Moden höherer Ordnung $TEM_{m,n}$ bzw. $TEM_{p,l}$ entstehen, wenn in den zueinander senkrechten Koordinatenrichtungen die Feldverteilung der elektromagnetischen Welle m bzw. n (p bzw. l) Phasensprünge um jeweils 180° aufweist, denen entsprechend flachere Leistungsdichteverteilungen mit m+1 bzw. n+1 (p+1 bzw. l+1) Maxima zugeordnet sind.

Der für die Ausbreitung des Laserstrahls charakteristische Öffnungs- oder Divergenzwinkel $\Theta$ hängt von der Modenstruktur in der Weise ab, daß er mit steigender Modenordnung größer wird. Das Produkt aus dem Radius der Strahltaille und dem halben Divergenzwinkel ($d_0\Theta/4$) wird Strahlparameterprodukt genannt und kennzeichnet die Strahlqualität, wobei hohe Strahlqualität gleichbedeutend mit einem niedrigen Wert des Strahlparameterprodukts ist. Das Strahlparameterprodukt und die Modenstruktur des Strahls bleiben - ideale optische Elemente vorausgesetzt - bei der Strahlführung zum Werkstück erhalten.

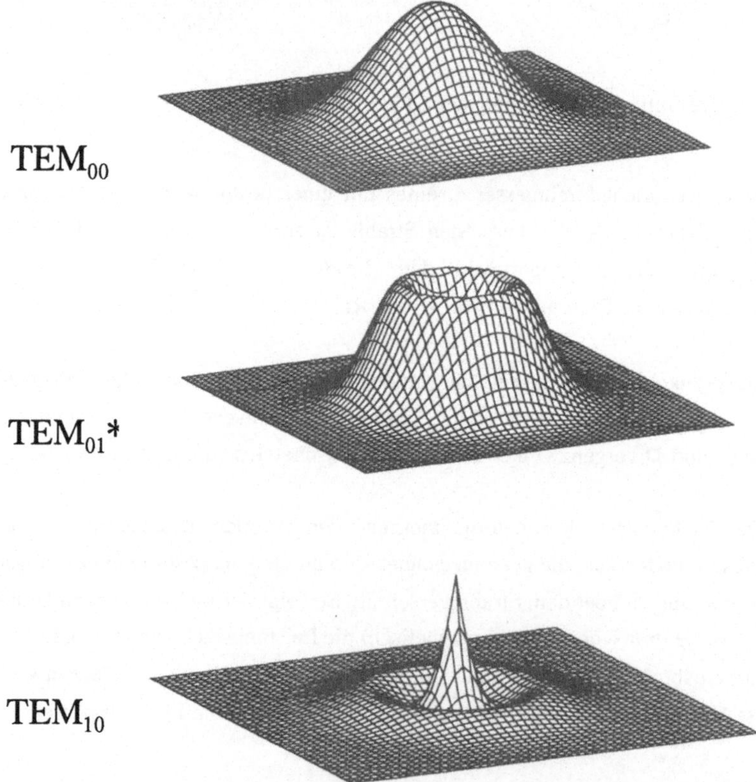


Bild 2.6:      Leistungsdichteverteilungen einiger rotationssymmetrischer Moden stabiler Resonatoren.

Die Fokussierbarkeit der Laserstrahlung wird durch Beugung begrenzt. Die beste Fokussierbarkeit ist für einen Laserstrahl gegeben, der im Gauß'schen Grundmode (TEM$_{00}$-Mode) schwingt. Für diesen Mode ist das Strahlparameterprodukt minimal und es gilt:

$$\frac{d_0 \theta}{4} = \frac{d_f \theta_f}{4} = \frac{\lambda}{\pi} = const. \tag{2.1}$$

Folgende der in Bild 2.4 erscheinenden Größen sind in der Lasermaterialbearbeitung von besonderer Relevanz:
- Fokusdurchmesser $d_f$
- Rayleighlänge (Schärfentiefe) $z_{Rf}$
- Fokusverschiebung $\Delta f$.

Definitionsgemäß kennzeichnet dabei die Rayleighlänge (Schärfentiefe) $z_{Rf}$ die Strecke entlang der Strahlachse, nach welcher - ausgehend von der Fokustaille - der Strahlquerschnitt auf den doppelten Wert angestiegen ist [2.5].

Mit der legitimen Vereinfachung f << z und der Annahme, daß der Laserstrahl als nahezu paralleles Bündel auf die Fokussieroptik trifft, also

$$\theta_f \approx \frac{D}{f} \tag{2.2}$$

gilt, lassen sich für obige Größen folgende Beziehungen herleiten:

$$d_f = \frac{4\lambda f}{\pi D} = \frac{4\lambda}{\pi} * F \tag{2.3}$$

$$z_{Rf} = \frac{\pi d_f^2}{4\lambda} = \frac{4\lambda}{\pi} * F^2 \tag{2.4}$$

$$\Delta f = \frac{z f^2}{z^2 + z_{Ro}^2} \quad . \tag{2.5}$$

Die darin auftretende Größe F wird als Fokussierzahl bezeichnet und ist wie folgt definiert:

$$F = \frac{f}{D} \qquad (2.6)$$

Für die Gaußmoden höherer Ordnung ist das Strahlparameterprodukt größer als beim $TEM_{00}$-Mode. Zusätzlich wird das Strahlparameterprodukt vergrößert durch Beugungseffekte (Aperturen, endlicher Strahldurchmesser) sowie durch Phasenfehler im Resonator, bedingt durch die Anregungsbedingungen und durch optische Inhomogenitäten.

Um nun einen Vergleich der Fokussierbarkeit verschiedener Laser vornehmen zu können, kann man für jeden Laser die Strahlqualitätszahl K bestimmen. K berechnet sich nach der Gleichung:

$$K = \frac{\lambda}{\pi} * \frac{4}{d_0 \Theta} = \frac{4\lambda}{\pi} * \frac{F}{d_f} \qquad (2.7)$$

K entspricht also dem Quotienten aus den Strahlparameterprodukten des Gauß'schen Grundmodes $TEM_{00}$ eines idealen Lasers und des Betriebsmodes $TEM_{mn}$ bzw. $TEM_{pl}$ des realen Lasers. K liegt zwischen 0 und 1, und je größer K ist, desto besser ist die Fokussierbarkeit.

Mit dieser Strahlqualitätszahl K ergeben sich nun für den Fokusdurchmesser $d_f$ und die Rayleighlänge $z_{Rf}$ folgende Zusammenhänge:

$$d_f = \frac{4\lambda}{\pi} * \frac{F}{K} \qquad (2.8)$$

$$z_{Rf} = \frac{4\lambda}{\pi} * \frac{F^2}{K} \qquad (2.9)$$

Bild 2.7 zeigt die Zunahme des Fokusdurchmessers bei konstanter Fokussierzahl F vom Grundmode $TEM_{00}$ zum nächst höheren Mode $TEM_{01}$*. Je größer die Strahlqualität K ist, umso kleiner ist der Fokusdurchmesser. Man kann daraus ableiten, daß zum Erreichen gleicher Fokusdurchmesser bei einer kleineren Strahlqualitätszahl die Fokussierzahl entsprechend der Abnahme von K ebenfalls verringert werden muß. Wie die Gleichung für die Rayleighlänge zeigt, führt diese Maßnahme dann jedoch zu einer Verringerung von $z_{Rf}$. Dieser Zusammenhang ist in Bild 2.8 dargestellt.

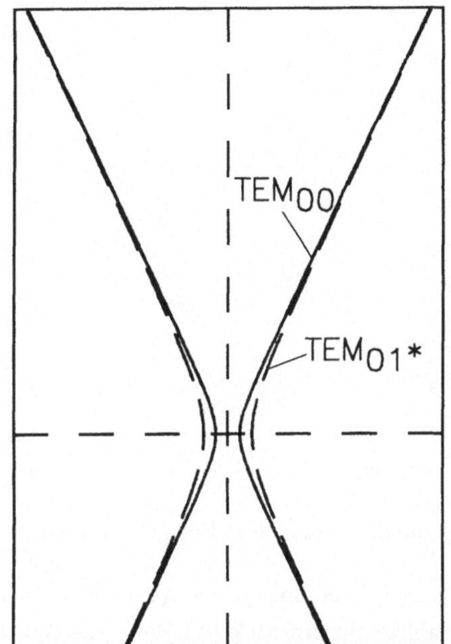


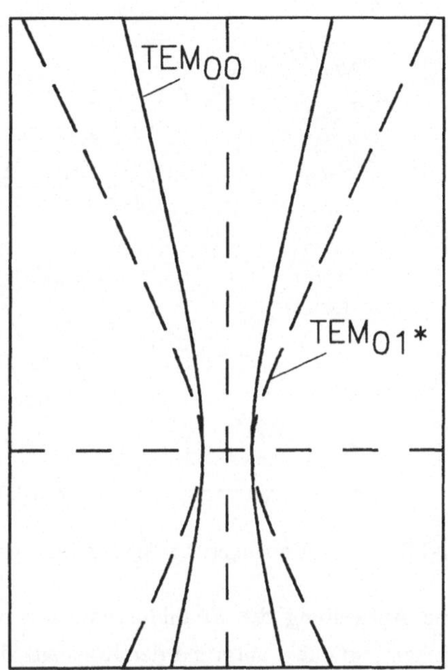


Bild 2.7: Fokusdurchmesser für verschiedene Gauß'sche Moden bei konstanter Fokussierzahl.

Bild 2.8: Strahlverlauf für verschiedene Gauß'sche Moden bei konstantem Fokusdurchmesser.

Bei der Führung des Laserstrahls über größere Entfernungen treten - entsprechend dem Divergenzwinkel $\Theta$ - Veränderungen des Strahldurchmessers auf. Bei $CO_2$-Laseranlagen mit großen Arbeitsräumen und einer bewegten Position der Fokussieroptik erfordert dies Beachtung im Hinblick auf einen von der Position der Bearbeitungsoptik unabhängigen Brennfleckdurchmesser. Die vorgestellten Formeln zeigen, daß der erzielbare Brennfleckdurchmesser $d_f$ bei einer Optik mit vorgegebener Brennweite f sich umgekehrt proportional zum Strahldurchmesser D auf der Fokussieroptik verhält. Damit wird deutlich, daß der Brennfleckdurchmesser $d_f$ in Positionen nahe der Strahlquelle (kleines D) größer und in entfernteren Positionen (großes D) kleiner wird. Entsprechend ändern sich auch die Leistungsdichten auf dem Werkstück. Um daraus resultierende Schwankungen des Bearbeitungsergebnisses gering zu halten, muß die Divergenz des Laserstrahls herabgesetzt werden.

Zu diesem Zweck können bei $CO_2$-Laseranlagen mit großen Arbeitsräumen und einer bewegten Position der Fokussieroptik Strahlteleskope eingesetzt werden, deren optimierte Auslegung zu nahezu konstanten Strahldurchmessern über mehrere Meter hinweg führt [2.7]. In Bild 2.9 ist der schematische Aufbau eines Strahlteleskops dargestellt. Funktionsprinzip ist

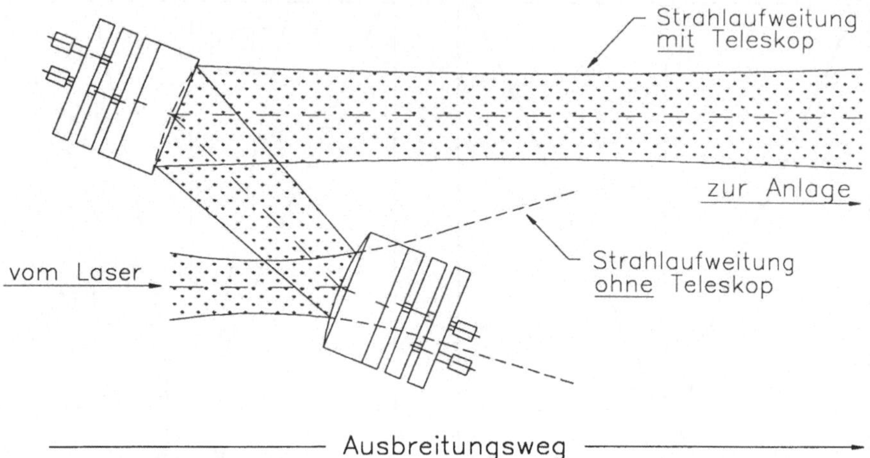


Bild 2.9:        Verringerung der Strahlaufweitung durch Einsatz eines Spiegelteleskops.

eine Aufweitung des Strahldurchmessers (z.B. durch zwei Spiegel mit gewölbten Ober-
flächen), so daß - aufgrund der Konstanz des Strahlparameterprodukts ($d_0\Theta/4$) - die Strahl-
divergenz im selben Maße sinkt.

Zur Fokussierung eines Laserstrahls auf ein zu bearbeitendes Werkstück eignen sich sowohl
transmittierende als auch reflektierende optische Elemente. Bild 2.10 zeigt schematisch die
am häufigsten verwendeten Anordnungen zur Fokussierung von $CO_2$-Laserstrahlen.

Werden zur Strahlführung und -formung transmittierende optische Elemente - also Strahl-
durchgangsfenster oder Fokussierlinsen - eingesetzt, so erfordert besondere Beachtung, daß
diese sich beim Laserbetrieb mit hohen Leistungen durch die Absorption von Anteilen der
Laserstrahlung deutlich erwärmen können. Trotz Wasserkühlung kann die Erwärmung dieser
Elemente, wegen damit verbundener Volumenzunahmen und Brechzahlerhöhungen, zu
relevanten Änderungen ihrer optischen Eigenschaften führen [2.8]. Die Erwärmung ist in der
Mitte der Elemente am stärksten, am Rand aufgrund der Wasserkühlung am geringsten. Die
Veränderungen wirken sich dadurch im Strahlengang wie das Einbringen zusätzlicher,
temperaturabhängiger Fokussierelemente aus, weshalb dieser Effekt als thermischer Linsen-
effekt bezeichnet wird. Nachteil des thermischen Linseneffektes ist, daß es während der
Bearbeitung zu einer Fokusverlagerung kommt, welche das Bearbeitungsergebnis beein-
trächtigen kann. Ausgleich kann durch optische Elemente mit steuerbaren Oberflächenformen
geschaffen werden [2.9, 2.10, 2.11].

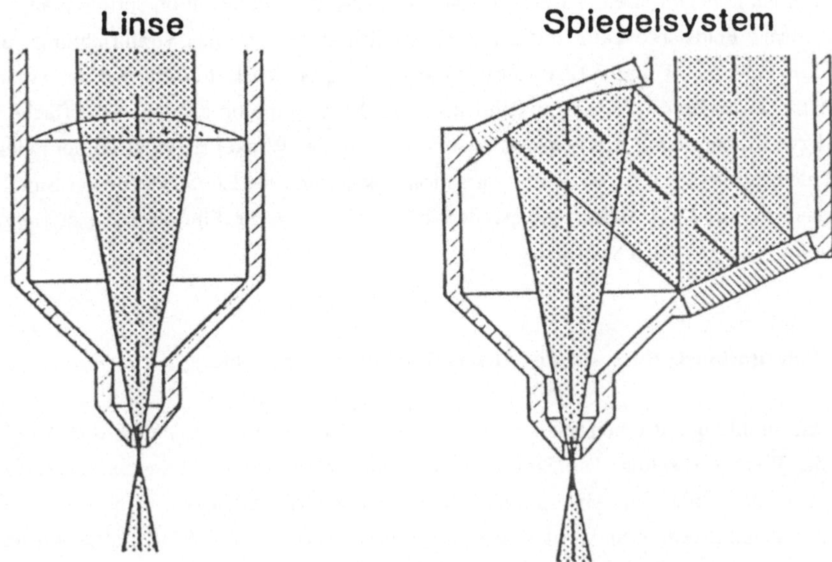



Bild 2.10:     Optische Systeme zur Laserstrahlfokussierung (Quelle: [2.1]).

Weitgehend vermieden werden thermische Linseneffekte durch einen Verzicht auf transmissive optische Elemente, wie er durch einen Einsatz von Spiegelsystemen zur Fokussierung
möglich wird. Fokussierspiegel für $CO_2$-Laserstrahlung sind üblicherweise aus Kupfer
gefertigt und können mit reflexionserhöhenden Beschichtungen versehen sein. Vorteile
gegenüber transmissiven Elementen bestehen bei Absorptionsgrad, Wärmeableitung sowie
Wärmedehnung. Die Oberflächenform von Fokussierspiegeln ist vorzugsweise paraboloid und
abhängig vom Einfallswinkel der Laserstrahlung sowie von der zu erzeugenden Brennweite.

## 2.3  Polarisation der Laserstrahlung

Unter der Polarisation der Laserstrahlung wird die Orientierung des elektrischen Feldstärkevektors der Welle zum Strahlrichtungsvektor verstanden. Da es sich hier um transversale
Wellen handelt, steht der Feldstärkevektor, wie bereits erwähnt, stets senkrecht zum Strahlrichtungsvektor. Der Richtungsvektor der elektrischen Feldstärke wird auch als Polarisationsvektor bezeichnet.

Linear polarisiert ist ein Strahl, bei dem Strahlrichtungsvektor und elektrischer Feldstärkevektor zeitlich konstant in einer Ebene liegen. Von zirkularer Polarisation spricht man, wenn
der elektrische Feldstärkevektor mit der Frequenz des Lichtes um den Strahlrichtungsvektor
rotiert. Die Bilder 2.11 und 2.12 veranschaulichen diese beiden Extremformen der Polarisation. Trifft bei linearer Polarisation (Bild 2.11) die Laserstrahlung auf eine Oberfläche auf,
so wird zur Beschreibung der Polarisationsorientierung der Winkel $\beta$ zwischen dem elektrischen Feldstärkevektor $\underline{E}$ (bzw. dem Polarisationsvektor) und der Einfallsebene der Strahlung
angegeben. $\underline{E}_p$ und $\underline{E}_s$ stellen die parallel bzw. senkrecht zur Einfallsebene orientierten
vektoriellen Komponenten von $\underline{E}$ dar.

### 2.3.1  Polarisationseinfluß auf die Absorption von Laserstrahlung

Wird Laserstrahlung auf einen Werkstoff gerichtet, so bestehen grundsätzlich drei Möglichkeiten der Wechselwirkung: Die Strahlung wird vom Werkstoff reflektiert, absorbiert oder
transmittiert. Je größer der Absorptionsgrad des Werkstoffes ist, desto effektiver kann er
erwärmt und damit bearbeitet werden. Bei Metallen, dem klassischen Werkstoffspektrum für
die Lasermaterialbearbeitung im Maschinenbau, ist die Eindringtiefe der $CO_2$-Laserstrahlung
sehr gering, so daß hier nur die Fälle Absorption und Reflexion eintreten.

Für die Materialbearbeitung ist die Polarisation der Laserstrahlung insofern wichtig, als vor
allem die Absorption durch metallische Werkstoffe stark von dieser abhängt. Bild 2.13 zeigt
dazu beispielhaft die Absorptionsgrade von $CO_2$-Laserlicht durch Eisen und Kupfer bei
Raumtemperatur. Darin ist eine Abhängigkeit des Absorptionsgrades vom Einfallswinkel $\alpha$
der Strahlung auf den Werkstoff, sowie von der Orientierung der linearen Polarisation zur
Einfallsebene sichtbar. Stets wird bei einer parallel zur Einfallsebene orientierten Polarisation
und bei hohen Einfallswinkeln, d.h. einem streifenden Einfall, eine deutliche Erhöhung des
Absorptionsgrades beobachtet. Die im Experiment festgestellten Absorptionsgrade zeigen eine
gute Übereinstimmung mit Absorptionsberechnungen nach Fresnel [2.12, 2.13, 2.14].

Kupfer, als ein Material mit geringem Absorptions- und entsprechend hohem Reflexionsgrad,
wird im Zusammenhang mit $CO_2$-Laserstrahlung als Spiegelwerkstoff eingesetzt. Eisen weist
demgegenüber höhere Absorptionsgrade auf und ist somit besser durch Laserstrahlung
bearbeitbar. Für die Lasermaterialbearbeitung, welche stets mit einer Erwärmung des
Werkstoffes verbunden ist, wirkt sich auch die Temperaturabhängigkeit des Absorptionsgrades günstig aus. Bild 2.14 zeigt für Eisen die Absorptionsgrade bei 1500 °C, welche
gegenüber denen bei Raumtemperatur fast doppelt so hohe Werte annehmen.

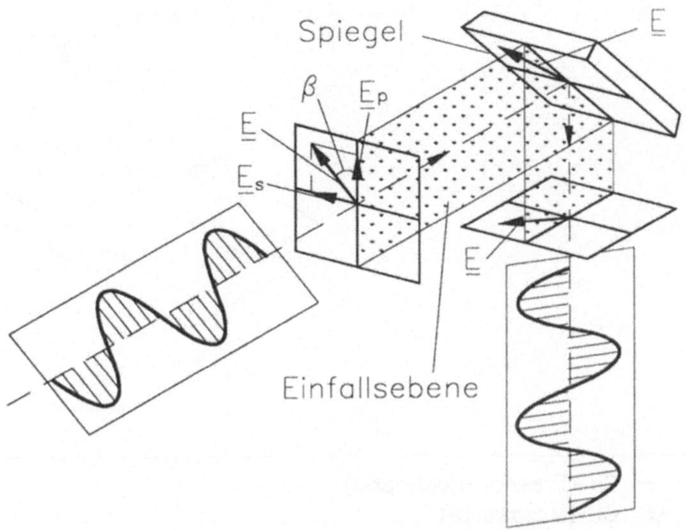


**Bild 2.11:** Lineare Polarisation. Der Winkel β kennzeichnet die Orientierung des elektrischen Feldstärkevektors $\underline{E}$ - und damit der Linearpolarisation - zur Einfallsebene auf den Spiegel.

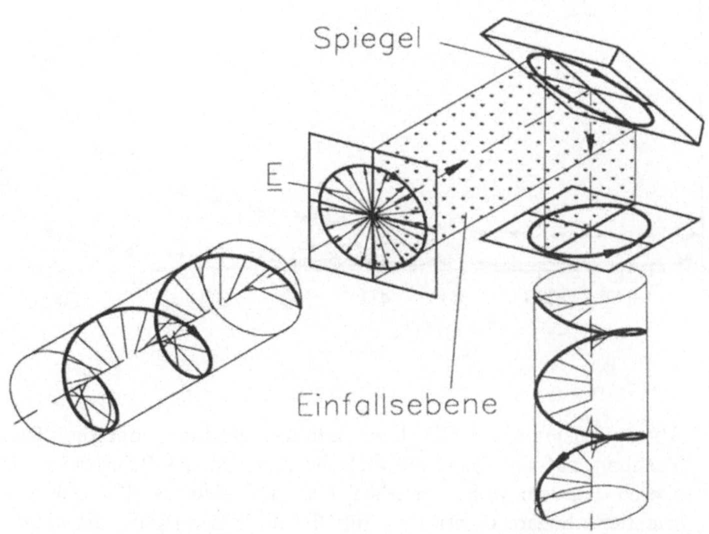


**Bild 2.12:** Zirkulare Polarisation.

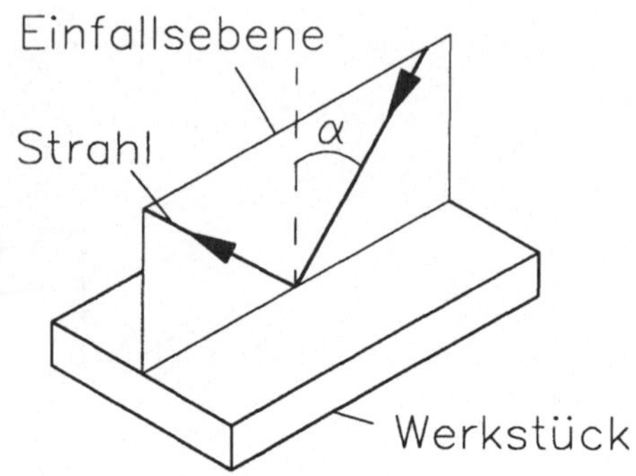


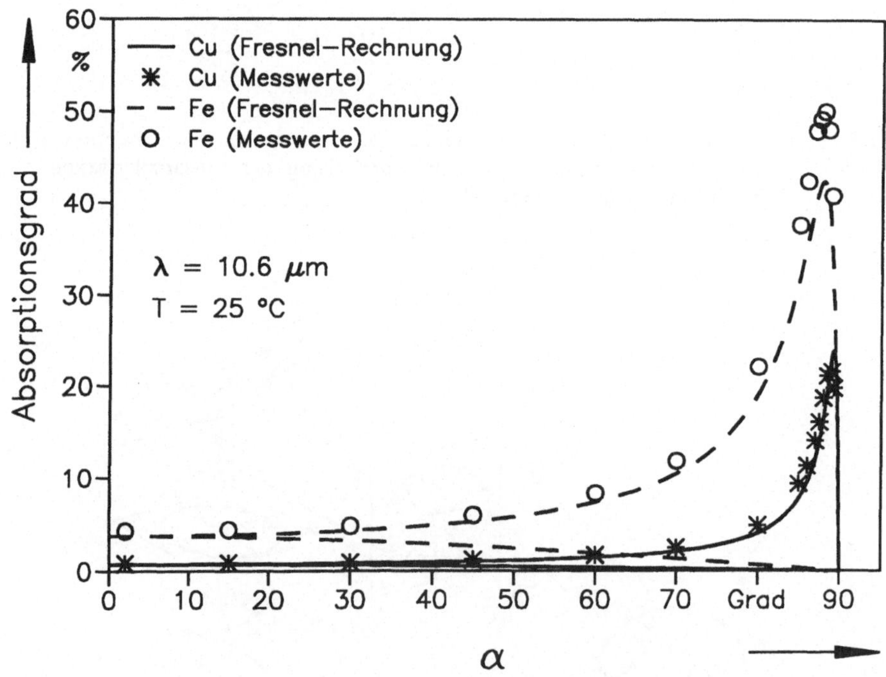


**Bild 2.13:** Absorptionsgrade von $CO_2$-Laserstrahlung, abhängig vom Einfallswinkel $\alpha$ der Strahlung auf die Materialoberfläche und von der Polarisation. Die jeweils oberen Kurvenzweige beziehen sich auf eine parallel zur Einfallsebene orientierte lineare Polarisation (in Bild 2.11: $\underline{E}_p$, $\beta=0°$), die unteren Kurvenzweige auf eine senkrecht orientierte ($\underline{E}_s$, $\beta=90°$). Fresnelkurven berechnet mit Materialkonstanten aus [2.12, 2.13, 2.14].

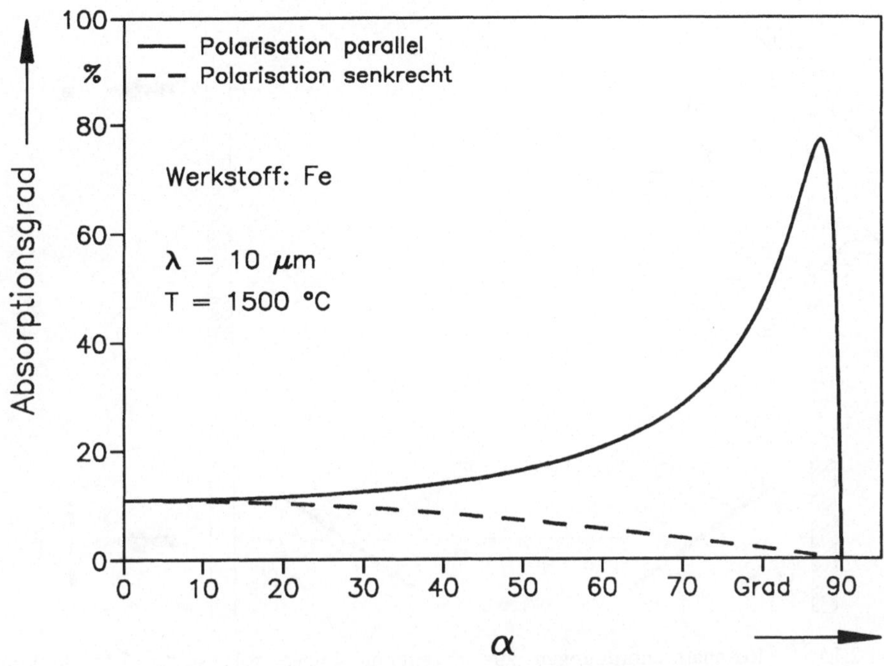



Bild 2.14:    Hochtemperatur-Absorption von $CO_2$-Laserstrahlung durch Eisen, abhängig vom Einfallswinkel $\alpha$. Nach Drude berechnete Absorptionsgrade [2.15, 2.16].

## 2.3.2  Erzeugung von Linearpolarisation

Laser mit einfachen Resonatorgeometrien, wie der in Bild 2.1 gezeigten, erzeugen eine unpolarisierte Laserstrahlung, d.h. im Resonator schwingen alle Polarisationsrichtungen in stochastisch verteilten Anteilen gleichzeitig an. Um Linearpolarisation zu erzeugen, d.h. das Anschwingen einer gewünschten Polarisationsrichtung zu begünstigen, das der anderen hingegen zu verhindern, müssen zusätzliche optische Komponenten in den Resonatorraum eingebracht werden.

Daß die weitaus meisten heutigen $CO_2$-Hochleistungslaser linear polarisierte Laserstrahlung erzeugen, liegt an einer Besonderheit ihres Aufbaus, der Resonatorfaltung. Der gefaltete Aufbau von Resonatoren, schematisch in Bild 2.15 dargestellt (siehe auch [2.1]), dient der

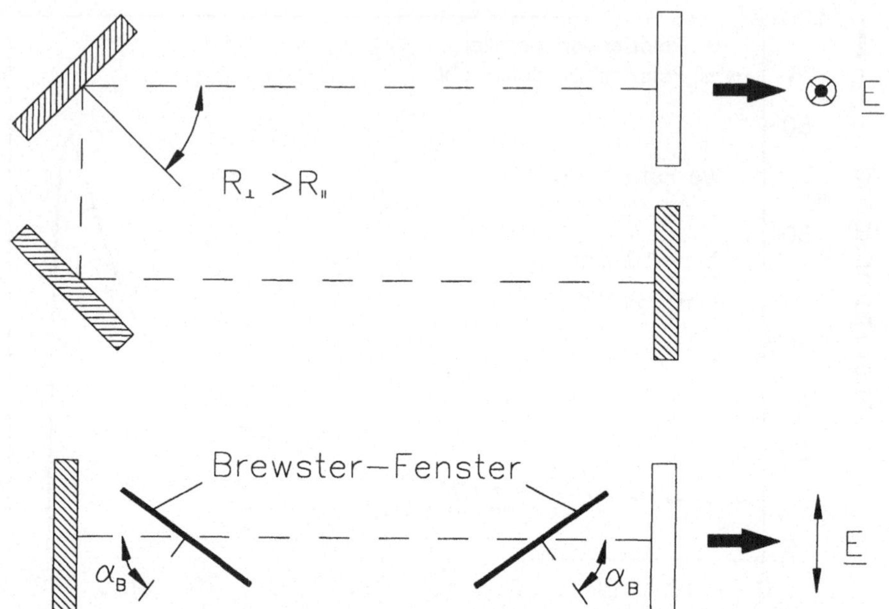


Bild 2.15:    Resonatoranordnungen zur Erzeugung linear polarisierter Laserstrahlung
(R: Reflexionsgrad; $\underline{E}$: elektrischer Feldstärkevektor; $\alpha_B$: Brewster-Winkel).

Erzeugung großer Resonatorlängen - und damit verbunden hoher Strahlleistungen und
-qualitäten - bei gleichzeitig kompakten Außenmaßen des Lasergerätes. Die linear polarisierte
Laserstrahlung entsteht hier durch die unterschiedlichen Absorptions- und Reflexionsgrade
der verschiedenen Polarisationsanteile auf den zur Faltung eingesetzten metallenen Umlenk-
spiegeln. Die senkrecht zur Einfallsebene liegenden Polarisationsanteile werden durch die
Umlenkspiegel am besten reflektiert (am wenigsten absorbiert), weshalb der Laser mit in
dieser Richtung polarisierter Strahlung anschwingt.

Um mit ungefalteten Resonatoren linear polarisierte Laserstrahlung zu erzeugen, müssen diese
ebenfalls um Elemente ergänzt werden, welche die Verstärkung der elektrischen Feldstärke
im Resonatorraum in einer Ausbreitungsrichtung begünstigen. Dies kann, wie in Bild 2.15
gezeigt, durch das Einbringen von Brewster-Fenstern in den Resonatorraum erreicht werden.
Dabei handelt es sich um transmittierende optische Elemente, die unter dem Brewster-Winkel
$\alpha_B$ zur Resonatorachse angeordnet sind. Unter diesem Winkel können nur die parallel zur
Einfallsebene ausgerichteten Polarisationsanteile das Fenster ungeschwächt durchdringen. Der

Brewster-Winkel $\alpha_B$ berechnet sich aus dem Quotient $n_{rel}$ der Brechungszahlen von optisch dichterem zu dünnerem Medium nach der Gleichung:

$$\tan \alpha_B = n_{rel} \qquad (2.10)$$

### 2.3.3  Erzeugung von Zirkularpolarisation

Wie bereits erwähnt, strahlen nahezu alle heutigen $CO_2$-Hochleistungslaser linear polarisiertes Licht aus. Um der Strahlung orientierungsunabhängige Eigenschaften zu verleihen, z.B. beim Absorptionsgrad, muß die lineare Polarisation in eine zirkulare übergeführt werden.

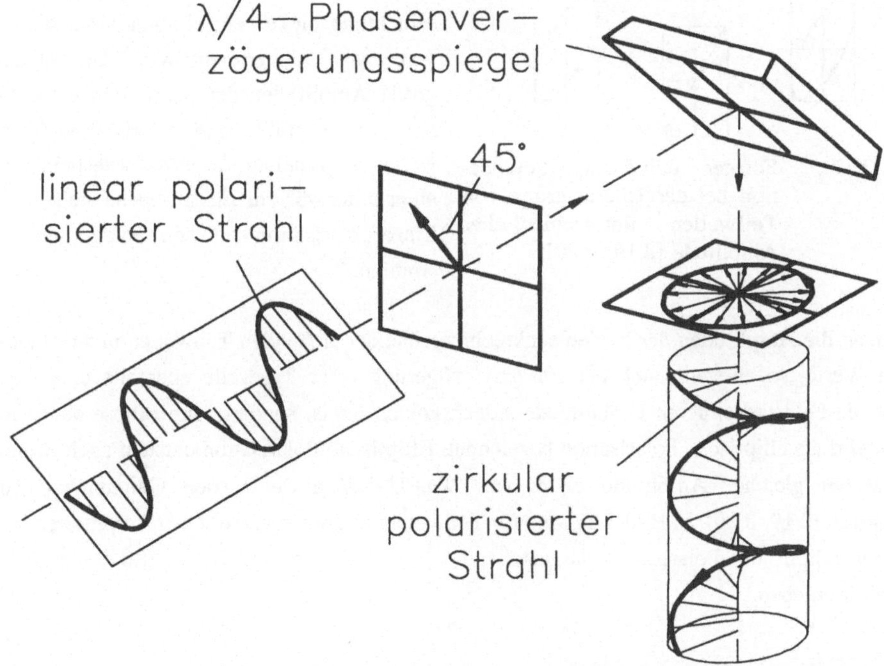


Bild 2.16:     Erzeugung von zirkular polarisierter Laserstrahlung aus linear polarisierter durch Einbau eines λ/4 - Phasenverzögerungsspiegels in den Strahlengang.

Bei zirkularer Polarisation rotiert die elektrische Feldstärke mit der Frequenz des Lichtes kreisförmig um die Strahlachse. Die dabei entstehende "schraubenförmige" Bewegung der Polarisationsebene entlang der Strahlausbreitungsrichtung kann aus zwei senkrecht zueinander stehenden, linear polarisierten Teilwellen gleicher Amplitude erzeugt werden, wenn die beiden Teilwellen einen Gangunterschied von 90°, d.h. einem Viertel der Wellenlänge, zueinander aufweisen [2.17].

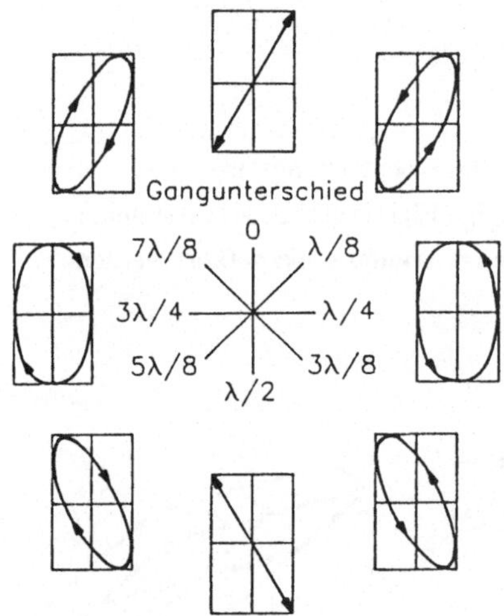


Bild 2.16 zeigt eine Anordnung zur Erzeugung zirkular polarisierter Strahlung aus linear polarisierter. Zentrales Element darin ist ein λ/4 - Phasenverzögerungsspiegel, auch zirkularpolarisierender Spiegel genannt [2.18]. Der Gangunterschied der Teilwellen ergibt sich durch ihre unterschiedlichen Lichtgeschwindigkeiten in dem speziellen Beschichtungsmaterial der Spiegeloberfläche, wobei durch eine angepaßte Beschichtungsdicke ein Laufzeitunterschied von exakt 90° erreicht wird. Um gleich große Amplituden der parallel bzw. senkrecht zur Einfallsebene polarisierten Teilwellen zu erhalten, ist es erforderlich, mit einer unter 45° zur Einfallsebene stehenden Linearpolarisation auf den Spiegel einzustrahlen.

Bild 2.17:    Formen elliptischer Polarisation bei der Überlagerung von Teilwellen unterschiedlicher Amplitude [2.19, 2.20].

Besitzen die Amplituden der beiden senkrecht zueinander stehenden Teilwellen unterschiedliche Werte, so entsteht nach der Phasenverzögerung einer Teilwelle ebenfalls eine sich drehende Feldstärke, deren Umhüllende jedoch keinen Kreis, sondern eine Ellipse darstellt. Dies wird als elliptische Polarisation bezeichnet. Elliptische Polarisation entsteht auch, wenn Teilwellen gleicher Amplitude einen von *(2n+1) ∗λ/4* abweichenden Gangunterschied aufweisen [2.19, 2.20]. In Bild 2.17 sind für Teilwellen mit unterschiedlichen Amplituden die Formen elliptischer Polarisation dargestellt, die sich abhängig vom Betrag des Gangunterschiedes ergeben.

# 3 Stand der Erkenntnisse und der Anlagentechnik

## 3.1 Laserstrahlschweißen

### 3.1.1 Verfahrensprinzip

Von technischer Relevanz ist beim Einsatz von $CO_2$-Lasern das Schweißen unter Ausnutzung des sogenannten Tiefschweißeffekts. Das Verfahrensprinzip beruht darauf, daß durch die fokussierte Einbringung der Laserstrahlenergie das Werkstück lokal aufschmilzt und, bei ausreichend hoher Leistungsdichte, zu verdampfen beginnt. Auf diese Weise bildet sich eine Dampfkapillare aus, die wie eine feine Röhre wirkt, durch welche der Laserstrahl tief in den zu schweißenden Werkstoff eindringen kann (Tiefschweißeffekt). Bild 3.1 illustriert das Laserstrahltiefschweißen schematisch.

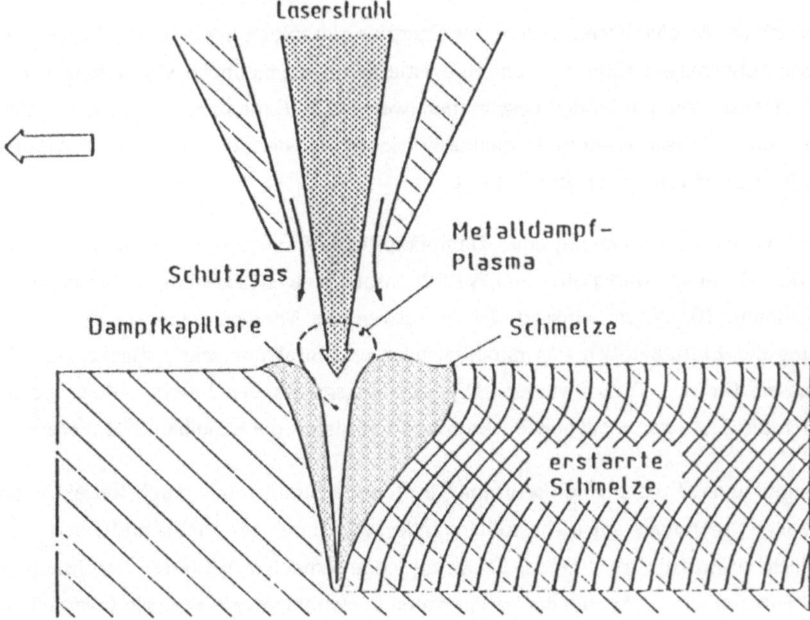


Bild 3.1:     Schematische Darstellung des Tiefschweißens mit Laserstrahl (Quelle: [2.1]).

Der Druck des an der Kapillarwand verdampfenden Werkstoffes wirkt der Oberflächenspannung und dem hydrostatischen Druck der umgebenden Schmelze entgegen und verhindert dadurch das Schließen der Kapillare. Aufgrund der Vorschubbewegung wird die von der Schmelze umströmte Kapillare durch den Werkstoff bewegt und es entsteht die Laserschweißnaht, welche sehr hohe Verhältnisse von Nahttiefe zu -breite aufweisen kann.

Das Prozeßgas besitzt die Aufgabe, die Schmelze vor Oxidation zu schützen. Im Falle großer Mengen aus der Kapillare abströmenden überhitzten Metalldampfes kommt als weitere Aufgabe hinzu, diesen Dampfstrom zu verdünnen, zu kühlen oder zur Seite wegzublasen, da dieser teilweise ionisiert ist und als stark absorbierendes Medium wirken kann, welches der Laserstrahlung den Zugang zum Werkstück erschwert (Plasmaabschirmung). Entsprechend der vorgesehenen Aufgabe wird der Prozeßgasstrom entweder koaxial, schräg oder auch senkrecht zur Laserstrahlrichtung geführt. Übliche Prozeßgase sind Helium und Argon.

### 3.1.2        Energieeinkopplung beim Laserstrahltiefschweißen

Zur Deutung der Mechanismen, welche zur Energieeinkopplung in die für das Laserstrahltiefschweißen notwendigen Kapillare führen, existieren unterschiedliche Vorstellungen [3.1 bis 3.4]. Im weiteren wird ein Modell beschrieben, welches im Experiment beobachtbare Effekte, darunter den Polarisationseinfluß, qualitativ richtig wiedergibt und zudem Ansätze zu quantitativen Beschreibungen schafft [3.4].

Wie erwähnt, ist die Entstehung einer Dampfkapillare Voraussetzung für den Tiefschweißeffekt, der ab einer werkstoff- und verfahrensabhängigen Leistungsdichteschwelle der Größenordnung $10^6$ W/cm$^2$ einsetzt. Diese notwendige Mindestleistungsdichte erklärt die Bedeutung der Einflußgrößen Laserstrahlleistung und Strahlquerschnittsfläche, d.h. Fokusdurchmesser, für das Tiefschweißen. Die Leistungsdichte der Laserstrahlung beeinflußt wesentlich die Tiefe der entstehenden Kapillare und damit die erzielbare Nahttiefe.

In der engen und oft tiefen Kapillaröffnung treffen die Strahlanteile durch Reflexion an den Wänden meist mehrmals auf die Kapillarwände auf. Diesen als Vielfachreflexion bezeichneten Mechanismus illustriert Bild 3.2. Da mit jedem erneuten Auftreffen der Strahlung auf die Kapillarwand wieder Anteile der verbliebenen Reststrahlenergie absorbiert werden, erhöht sich die Gesamtabsorption der Laserstrahlung im Werkstoff.

Dieser Mechanismus der Energieeinkopplung in den Werkstoff kann beeinträchtigt werden durch die strahlabsorbierenden Eigenschaften des beim Verdampfen des metallischen Werkstoffes entstehenden Plasmas. Während die Absorption in dem innerhalb der Kapillare

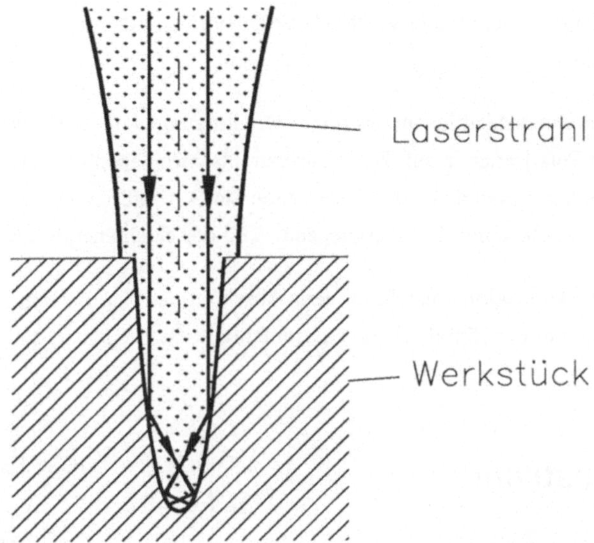



Bild 3.2:     Schematische Darstellung des Mechanismus der Vielfachreflexion einzelner Strahlanteile in der Dampfkapillaren beim Laserstrahltiefschweißen.

vorhandenen Plasma die Einkopplung der Strahlenergie in den Werkstoff teilweise noch fördern kann [3.5], verhindern größere Plasmamengen oberhalb der Werkstückoberfläche den Zugang der Laserstrahlung zu dieser, was dann zu einer verminderten Energieeinkopplung in den Werkstoff führt.

Durch Wärmeleitung und Konvektion in der Schmelze wird die an der Kapillarwand in den Werkstoff eingebrachte Energie zur fortwährenden Erzeugung bzw. Aufrechterhaltung von Schmelze genutzt. Die in den nicht abschmelzenden Grundwerkstoff geleitete Wärme verursacht dagegen Energieverluste. Die eingesetzte Streckenenergie $E = P/v$ ist eine wesentliche Einflußgröße für die insgesamt in den Werkstoff eingebrachte Energie. Sie beeinflußt deutlich die Größe des erzeugten Schmelzbades und damit des entstehenden Nahtquerschnittes.


### 3.1.3     Polarisationseinfluß

Beim Laserstrahltiefschweißen ist eine Abhängigkeit des Schweißergebnisses von Art und Orientierung der Polarisation bekannt [3.6, 3.7, 3.8]. Er gründet sich auf die bei hohen Einfallswinkeln vorhandene Abhängigkeit des Absorptionsgrades von der Polarisationsrichtung, welcher bereits in den Bildern 2.13 und 2.14 zum Ausdruck kam. Beim Tiefschweißen entstehen hohe Einfallswinkel, d.h. streifende Strahleinfälle, durch die steilen Flankenwinkel der Kapillarwände.

Bild 3.3 zeigt die unterschiedlichen Arten und Orientierungen der zur Lasermaterialbearbeitung eingesetzten Polarisationen auf. Beim Laserstrahlschweißen mit linearer Polarisation entscheidet der Orientierungswinkel $\gamma$ der Polarisation zur Schweißrichtung darüber, an welchen Abschnitten der Kapillarwand der überwiegende Teil der Strahlenergie absorbiert wird.

Ein Maximum an Absorption entsteht an dem Abschnitt der Kapillarwand, an welchem die Polarisationsebene mit der Einfallsebene zusammenfällt. Das bedeutet, daß bei einer parallel

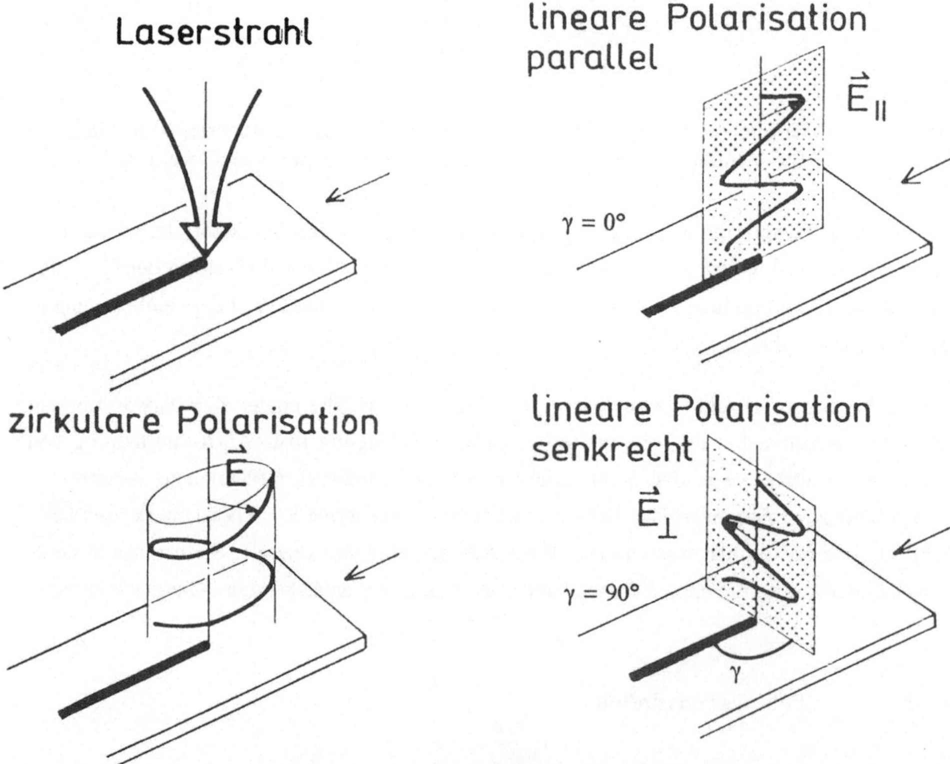


Bild 3.3:      Formen der zur Materialbearbeitung eingesetzten Laserstrahlpolarisationen. Die Orientierungsangaben "parallel" bzw. "senkrecht" werden hier, wie in der Lasermaterialbearbeitung gebräuchlich, auf die Bearbeitungsrichtung bezogen.

zur Schweißrichtung orientierten Polarisation das Absorptionsmaximum an der Vorderfront der Kapillare, also in der Schweißrichtung liegt. Bei einer senkrecht zur Schweißrichtung liegenden Polarisation liegen die Absorptionsmaxima senkrecht zur Schweißrichtung, also an den Seitenwänden der Kapillaröffnung.

Im weiteren soll in dieser Arbeit bei Angaben zur Polarisationsorientierung, welche im Zusammenhang mit Materialbearbeitungsvorgängen stehen, stets, wie in Bild 3.3 geschehen, die Orientierung der linearen Polarisation zur Bearbeitungsrichtung zu verstehen sein (Winkel γ). Entsprechend bedeuten die Angaben "parallele Polarisation" bzw. "senkrechte Polarisation" einen Winkel γ von 0° bzw. 90°. Diese Bezeichnungen haben sich in der Lasermaterialbearbeitung aufgrund ihrer Zweckmäßigkeit etabliert. Bei der in Bild 3.3 ebenfalls dargestellten zirkularen Polarisation erübrigt sich die Angabe einer Polarisationsorientierung, da sie unidirektionale Eigenschaften aufweist.

Es ist zu beachten, daß diese auf den Winkel γ bezogenen Orientierungsangaben verschieden sind von den bei Spiegelungsvorgängen relevanten Angaben, welche sich auf den Orientierungswinkel β relativ zu einer Einfallsebene beziehen und in Kapitel 2.3 erläutert wurden.

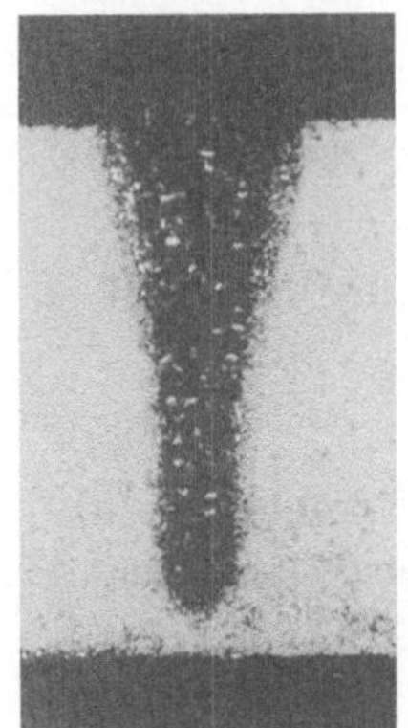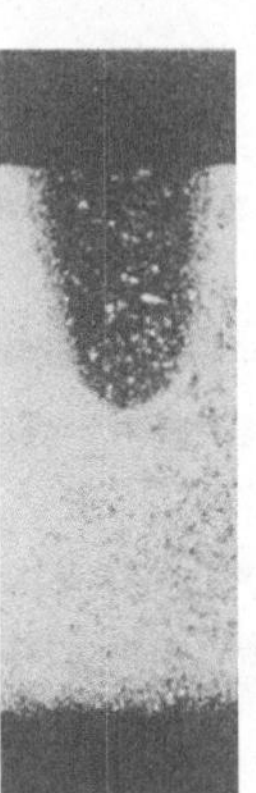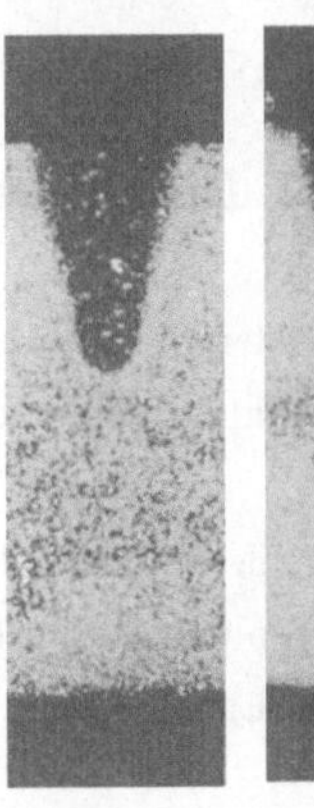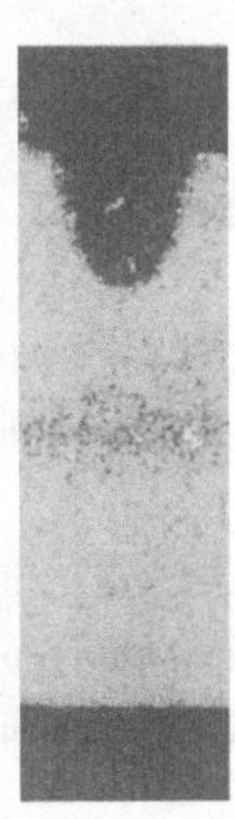

Orientierung der Polarisation zur Schweißrichtung:

| parallel oder senkrecht | parallel | senkrecht | parallel | senkrecht |

Schweißgeschwindigkeit:

v = 2 m/min          v = 4 m/min                    v = 6 m/min

(Werkstoff : St 52  ;  $P_L$ : 5 kW  ;  $d_f$ : 0,28 mm  ;  Schutzgas : Helium)

Bild 3.4:      Einfluß der Orientierung linearer Polarisation auf die Querschnittsgeometrien lasergeschweißter Nähte (Quelle: [3.6]). Maßstab: Blechdicke = 6 mm.

Die bei linearer Polarisation durch die Polarisationsorientierung beeinflußbare Lage des Kapillarwandabschnittes mit Absorptionsmaximum schlägt sich auch in den jeweils erzeugten Nahtquerschnitten nieder [3.6], siehe Bild 3.4. Die dargestellte Schliffbildreihe läßt erkennen, daß bei erhöhten Arbeitsgeschwindigkeiten (niedrigen Streckenenergien) ein Einfluß sowohl auf die Einschweißtiefe, als auch auf die Nahtbreite vorhanden ist.

Ein tieferer und schlankerer Nahtquerschnitt entsteht bei paralleler Polarisation, also einem Absorptionsmaximum an der Vorderfront der Kapillaröffnung. Deutlich breitere, jedoch weniger tiefe Nahtquerschnitte entstehen bei senkrechter Polarisation, also bei Absorptionsmaxima quer zur Schweißrichtung.

Bei geringen Schweißgeschwindigkeiten reduziert sich der beobachtete Einfluß. Als Ursache werden - neben dem Ausgleich der örtlichen Verteilung der absorbierten Laserstrahlenergie durch Wärmeleitungseffekte in der Schmelze - verstärkte Absorptionsvorgänge im Metalldampfplasma aufgrund erhöhter Plasmadichten in der Kapillaren vermutet, die nicht richtungsabhängig sind [3.9, 3.10].


## 3.2    $CO_2$-Laseranlagen zur räumlichen Bearbeitung

Die zur Materialbearbeitung eingesetzten Laseranlagen lassen sich nach DIN V 18730 [2.5] in die in Bild 3.5 dargestellten Teilgruppen aufgliedern.

Der Laser, in welchem der Laserstrahl erzeugt wird, bildet zusammen mit den zum Betrieb notwendigen peripheren Einrichtungen wie Netzversorgung, Kühlsystem und Gassystem die Teilgruppe Lasergerät.

Die Kombination eines Lasergerätes mit Einrichtungen zur Strahlführung und -formung wird als Lasersystem bezeichnet. Die strahlführenden und -formenden Komponenten werden eingesetzt, um den Strahl von seinem Entstehungsort, dem Laser, zum Einwirkungsort auf das Werkstück zu leiten und ihm dort die zur Bearbeitung notwendigen Eigenschaften zu verleihen. Solche Komponenten für $CO_2$-Laser sind Umlenkspiegel, Strahlteleskope sowie Fokussieroptiken (Spiegel- oder Linsenoptiken).

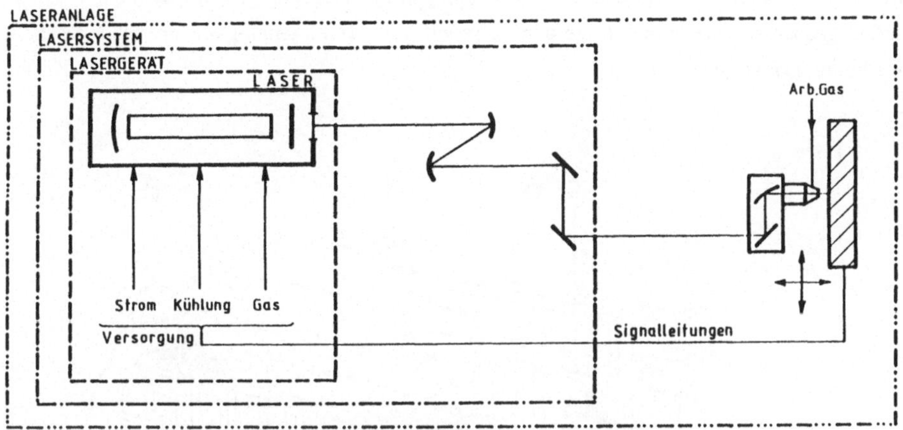


Bild 3.5:        Aufbau einer Laseranlage nach DIN V 18730 [2.5].

Kombiniert mit Einrichtungen zur Erzeugung der Relativbewegung zwischen Strahl und Werkstück, Sicherheitsvorrichtungen, Einrichtungen zur Prozeßkontrolle, zur Werkstückhandhabung sowie zur Steuerung der Bearbeitung, entsteht aus dem Lasersystem eine vollständige Werkzeugmaschine - die Laseranlage.

Laseranlagen zur räumlichen Bearbeitung können in ihrer Kinematik zur Erzeugung der Relativbewegung zwischen Strahl und Werkstück sehr unterschiedlich aufgebaut sein. Hauptunterscheidungsmerkmale sind die Anzahl der vorhandenen Bewegungsachsen (mindestens 5), die Art der Achsbewegungen (translatorisch oder rotatorisch) sowie die Aufteilung der Relativbewegung auf Werkstück und Strahl. Allen CO$_2$-Laseranlagen ist die Strahlführung über Umlenkspiegel gemeinsam, da in dem Wellenlängenbereich der CO$_2$-Laser keine technologischen Alternativen, wie z.B. Faseroptiken, verfügbar sind.

Der heutzutage am häufigsten zur räumlichen Lasermaterialbearbeitung eingesetzte Anlagentyp ist die sogenannte 5-Achsen-Portalanlage, die in Bild 3.6 schematisch dargestellt ist. Der kinematische Aufbau weist 3 kartesisch angeordnete translatorische Bewegungsachsen auf. Da eine räumliche Lasermaterialbearbeitung die Fähigkeit der Anlage voraussetzt, die Orientierung der Laserstrahlachse zu einer werkstückfesten Bezugsebene beliebig verändern zu können, sind weiterhin 2 rotatorische Bewegungsachsen vorhanden. Die häufigsten Portalanlagen sind solche, bei denen ausschließlich der Strahl bewegt wird ("flying optics"-Bautyp) oder bei denen mit einer der translatorischen Achsen das Werkstück bewegt wird, siehe

Bild 3.6. Die weite Verbreitung von Portalanlagen gründet sich auf die einfache Realisierbarkeit großer Arbeitsräume sowie den aufgrund guter Bahngenauigkeit erreichbaren hohen Bearbeitungsqualitäten [1.12].

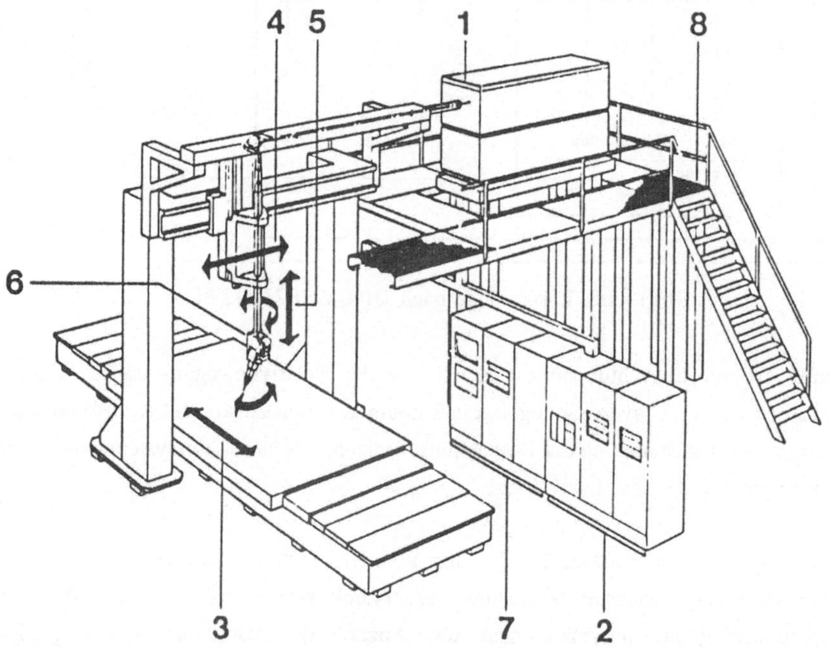


1 - Laser; 2,7 - Energieversorgung und Steuerung; 3 - translatorische Bewegungsachse mit Werkstückaufnahmetisch; 4,5 - translatorische Bewegungsachsen der Strahlführung; 6 - Bearbeitungskopf mit zwei rotatorischen Bewegungsachsen; 8 - Instandhaltungseinrichtungen.

Bild 3.6:        Schematische Darstellung einer 5-Achsen-Portalanlage (Quelle: [3.11]).

### 3.2.1        Robotergeführte $CO_2$-Laseranlagen

Eine Alternative zu den 5-Achsen-Portalanlagen entwickelt sich verstärkt durch robotergeführte $CO_2$-Laseranlagen. Vorteile von Roboteranlagen liegen im geringeren Platzbedarf sowie dem günstigeren Anschaffungspreis. Für ihre bislang noch geringere Verbreitung werden vor allem Nachteile bezüglich der Arbeitsraumgröße sowie den erreichbaren Bearbeitungsqualitäten genannt [3.12]. Zahlreiche Entwicklungsarbeiten dienen daher der Vergrößerung des Arbeitsraumes [3.13] sowie der Verbesserung der Roboterdynamik [1.13, 1.14]. Neben diesen Weiterentwicklungen der Robotertechnik wird auch an verbesserten Sensorsystemen zur Bahnermittlung und -führung gearbeitet, um ausreichende Bearbeitungsqualitäten zu sichern [3.14, 3.15, 3.16].

Nachstehend sind die unterschiedlichen Konzepte heutiger robotergeführter $CO_2$-Laseranlagen aufgezeigt.

Einen selten realisierten Anlagentyp zeigt Bild 3.7 [3.17]. Bei diesem wird vor einem stationären Laserstrahl das zu bearbeitende Werkstück vom Roboter bewegt. Positive Merkmale dieses Bautyps sind der einfache optische Aufbau und die konstante Strahlweglänge, welche zu einem im gesamten Arbeitsraum konstanten Fokusdurchmesser führt. Schwerwiegende Nachteile bestehen hinsichtlich der vom Roboter handhabbaren Werkstückgewichte und -abmessungen. Weitere Nachteile dieses Anlagentyps sind die Schwierigkeiten, welche sich bei der Programmierung räumlicher Bearbeitungsaufgaben aufgrund sich kontinuierlich verändernder Werkzeugdaten ergeben, da der Ort der Werkzeugspitze (TCP) auf dem vom Roboter geführten Werkstück veränderlich ist [3.18]. Aufgrund seiner genannten Nachteile und der daraus resultierenden Einschränkung seiner Einsatzmöglichkeiten für räumliche Aufgaben, wird dieser Anlagentyp hier nicht weiter diskutiert.

Bild 3.7:    Robotergeführte $CO_2$-Laseranlage mit bewegtem Werkstück und stationärem Laserstrahl [3.17].

Nahezu alle heutigen robotergeführten $CO_2$-Laseranlagen zur räumlichen Materialbearbeitung bewegen den Laserstrahl mittels flexibler Strahlführungssysteme entlang der Werkstücke. Bild 3.8 zeigt dazu ein Anlagenbeispiel. Es handelt sich um einen 6-achsigen Standard-Industrieroboter mit Knickarmkinematik, welcher ein externes Strahlführungssystem bewegt.

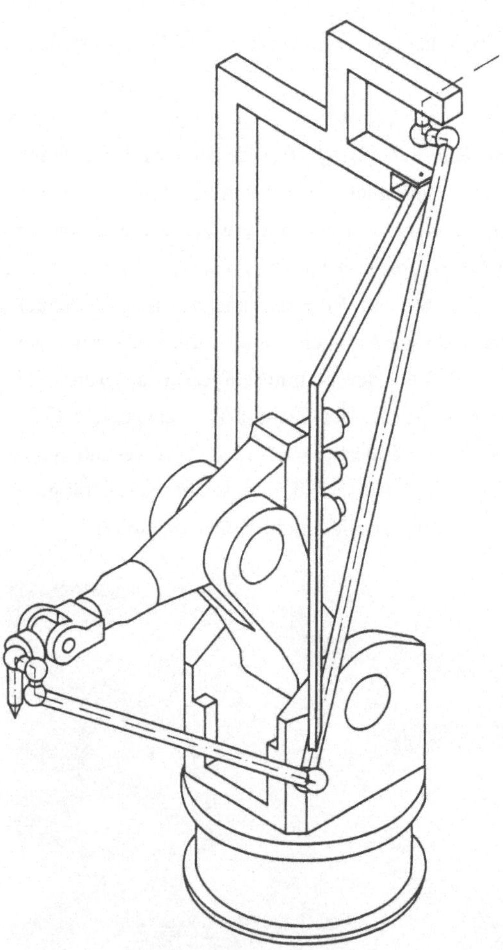

Externe Strahlführungssysteme für $CO_2$-Hochleistungslaser sind in unterschiedlichen Kinematiken verfügbar, siehe Bild 3.9. Es bestehen Varianten mit ausschließlich rotatorischen Freiheitsgraden sowie auch welche mit einem translatorischen Freiheitsgrad. Vorteile der rein rotatorisch arbeitenden Variante sind die Konstanz der Strahlweglänge und des Innenraumvolumens im Rohrsystem (Vermeidung von Saugeffekten). Vorteil der Variante mit einem translatorischen Freiheitsgrad ist die geringere Anzahl benötigter Strahlführungsspiegel. Stets gilt, daß die Anzahl der Freiheitsgrade des Strahlführungssystems mindestens derjenigen des Roboters entsprechen muß. Da die Systeme passiv sind, also über keine eigenen Antriebe verfügen, empfiehlt sich zur Vermeidung kinematischer Überbestimmtheit eine dem Roboter identische Anzahl von Freiheitsgraden [3.19].

Bild 3.8:     Robotergeführte $CO_2$-Laseranlage, bestehend aus einem 6-achsigen Standard-Industrieroboter, welcher ein passives externes Strahlführungssystem bewegt (Bild: IFSW).

Nachteile von Anlagen mit externen Strahlführungssystemen werden häufig darin gesehen, daß aufgrund der Koppelung von Roboter- und

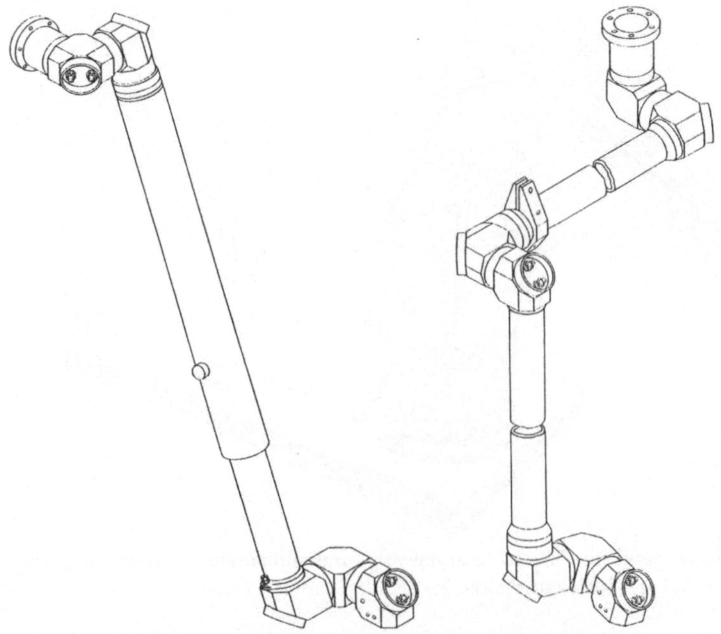

Bild 3.9:     Kinematiken externer Strahlführungssysteme für $CO_2$-Hochleistungslaser. Varianten mit einem translatorischen (links) sowie (rechts) mit ausschließlich rotatorischen Freiheitsgraden (Bilder: Zeiss).

Strahlführungskinematik die Bewegungsfreiheit des Roboters eingeschränkt ist und daß durch den größeren Bauraum die Zugänglichkeit zu komplexen räumlichen Werkstücken herabgesetzt ist [3.20]. Neuere Entwicklungen von Roboteranlagen gleichen diesen Nachteil durch in das Innere des Roboterkörpers verlegte Strahlführungssysteme aus [3.21, 3.22].

Roboteranlagen mit innenliegenden Strahlführungssystemen sind in unterschiedlichen 5-Achsen-Kinematiken am Markt verfügbar. Bild 3.10 zeigt eine in Knickarmbauweise, also aus rein rotatorischen Freiheitsgraden aufgebaute Anlage. Die Anzahl der im Roboterkörper benötigten Strahlführungsspiegel beträgt 7, die Länge des Strahlwegs in der Roboteranlage ist konstant.

Bild 3.11 zeigt eine Variante, bei der eine Bewegungsachse translatorisch ist. Durch die an das Prinzip von Polarkoordinaten angelehnte Kinematik, wird die Anzahl der im Roboterkörper benötigten Strahlführungsspiegel auf 4 reduziert. Die Länge des Strahlwegs in der Roboteranlage ist aufgrund der translatorischen Bewegungsachse veränderlich.

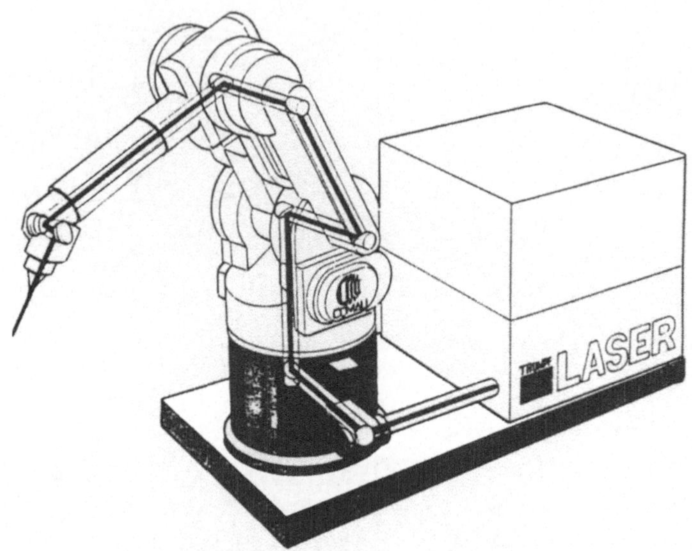



Bild 3.10:    Robotergeführte $CO_2$-Laseranlage mit innenliegendem Strahlführungssystem
in 5-Achsen-Knickarmbauweise (Bild: Trumpf-Comau).

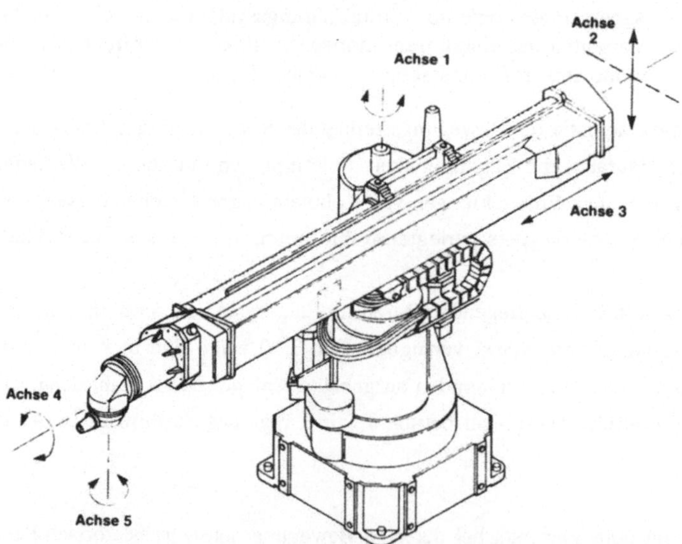



Bild 3.11:    Robotergeführte $CO_2$-Laseranlage mit innenliegendem Strahlführungssystem.
Kinematik mit einer translatorischen und vier rotatorischen Bewegungsachsen
(Bild: GMF).

Zur Vergrößerung der Arbeitsräume robotergeführter $CO_2$-Laseranlagen wurden Systeme realisiert, bei denen der Roboter auf einer Linearachse verfahrbar angeordnet ist, siehe Bild 3.12 [3.13]. Im Falle externer Strahlführungssysteme muß deren Strahleintrittsort ebenfalls linear verfahren werden.

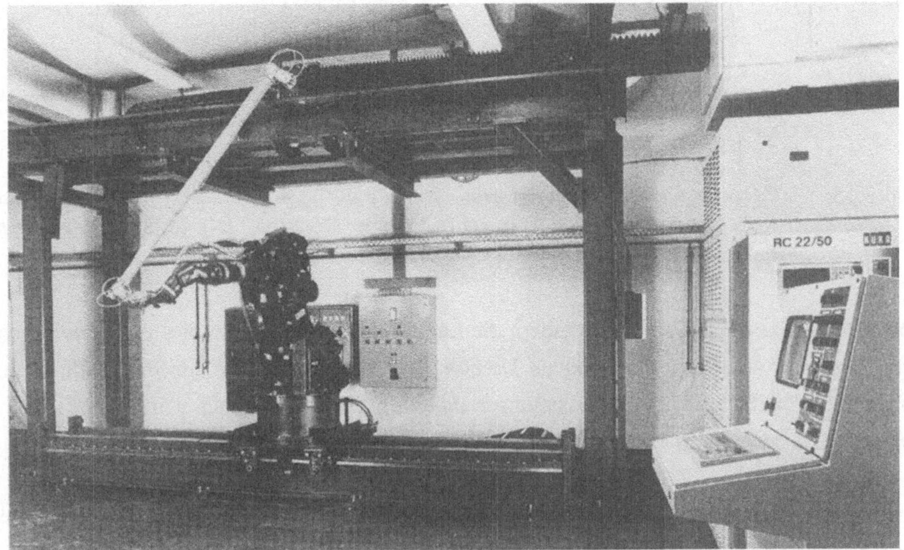


Bild 3.12:    Robotergeführte $CO_2$-Laseranlage mit externem Strahlführungssystem. Zur Vergrößerung des Arbeitsraumes sind Roboter und Strahlführungssystem auf Linearachsen verfahrbar (Bild: KUKA).

### 3.2.2    Strahlführungskinematik und Polarisationsbeeinflussung

Alle Strahlführungskinematiken von $CO_2$-Laseranlagen - gleichgültig ob Portale oder Roboter - gründen sich auf Kombinationen der in Bild 3.13 gezeigten translatorischen bzw. rotatorischen Spiegelbewegungen. Räumlich arbeitende Anlagen benötigen, wie bereits erwähnt, zur freien Strahlorientierung im Raum immer eine Mindestzahl von 2 rotatorisch bewegten Strahlführungsspiegeln. Rotatorische Spiegelbewegungen werden, so wie in Bild 3.13 gezeigt, um die Achse des einfallenden Strahles, d.h. in Form einer Veränderung des Azimutalwinkels durchgeführt. Drehungen um andere Achsen würden eine Veränderung des Einfallswinkels auf den Spiegel bewirken und werden aufgrund einer Reihe damit verbundener Nachteile vermieden [3.23].

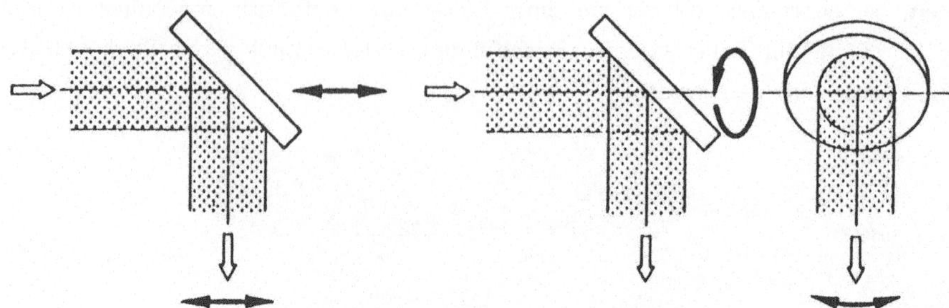

Bild 3.13:    Grundlegende Bewegungsarten von Strahlführungsspiegeln in Portal- und
              Roboteranlagen (links: Translation; rechts: Rotation). Die Rotation wird stets
              in Form einer Azimutalwinkeländerung durchgeführt (Quelle: [2.1]).

Translatorisch bewegte Spiegel verändern die Lage des abgelenkten Strahles im Raum durch
Parallelversatz, verursachen aber keine Drehung der Strahlachse oder um die Strahlachse.
Folgerichtig bleibt auch die Polarisationsorientierung der Laserstrahlung im Raum durch
translatorisch bewegte Spiegel unbeeinflußt.

Rotatorische Spiegelbewegungen haben neben der bezweckten Drehung des abgelenkten
Strahles auch eine Drehung der Polarisationsorientierung im Raum zur Folge, was besonders
im Falle linearer Polarisation von Bedeutung ist. Dazu zeigt Bild 3.14 schematisch Spie-
gelungen eines Laserstrahls an einem 90°-Ablenkspiegel, der um die Achse des einfallenden
Strahles drehbar gelagert sein soll. Im Bild dargestellt sind die für 8 beispielhaft gewählte
Drehstellungen des Spiegels sich ergebenden Ablenkungsrichtungen des Laserstrahls. Durch
Doppelpfeile im Bild mit dargestellt sind eine angenommene Orientierung der linearen
Polarisation im einfallenden Strahl, sowie die sich daraus durch Spiegelung nach den
Gesetzen der geometrischen Optik jeweils ergebenden Polarisationsorientierungen in den
Ablenkrichtungen 1 bis 8 [3.24].

Durchläuft der Laserstrahl ein Strahlführungssystem, in welchem mehrere Spiegel gleichzeitig
drehend bewegt werden, so kommt es zu einer Überlagerung der verursachten Polarisations-
umorientierungen. Da entlang beliebiger räumlicher Bahnkurven stets mindestens 2 Spiegel
drehend bewegt werden müssen, hat das an der Werkzeugspitze der Anlage fortwährend
Umorientierungen der Polarisation zur Folge. Diese Umorientierungen entsprechen den
Gesetzmäßigkeiten der Strahlenoptik und sind daher eindeutig, d.h. bei jeder Laseranlage mit
eindeutiger inverser Strahlführungskinematik läßt sich jedem Punkt einer räumlichen

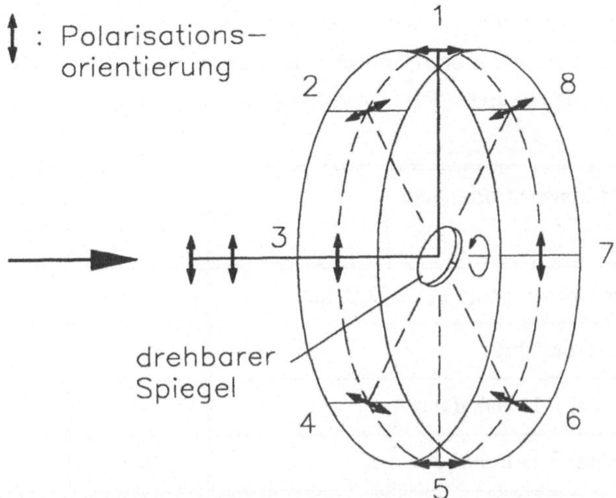



Bild 3.14:     Räumliche Umorientierung linearer Polarisation (Doppelpfeile) bei Spiegelung.
Beispielhafte Darstellungen für 8 verschiedene Stellungen eines um die Achse
des einfallenden Strahles drehbaren 90°-Ablenkspiegels (nach [3.24]).

Bewegungsbahn eindeutig eine Polarisationsorientierung zuordnen, die nicht beeinflußt
werden kann. Relativ zu einer beliebigen Bahntangente, d.h. Bearbeitungsrichtung, nimmt die
Polarisation entsprechenderweise beliebige Orientierungen an. Ein Mangelzustand beim
heutigen Stand der Anlagentechnik ist daher, daß, unabhängig vom Anlagentyp, keine
Möglichkeit gegeben ist, die lineare Polarisation von Laserstrahlung in der räumlichen
Lasermaterialbearbeitung gezielt einzusetzen. In Tabelle 3.1 sind die geschilderten
Sachverhalte zur Beeinflussung der Orientierung linearer Polarisation durch CO$_2$-
Laseranlagen mit unterschiedlichen Strahlführungskinematiken nochmals zusammengefaßt.

Die nicht vorhandene Möglichkeit die Orientierung linearer Polarisation gezielt zu steuern,
führte dazu, daß bislang in allen Fällen einer ebenen (2 D) oder räumlichen (3 D) Lasermaterialbearbeitung zur Erzeugung unidirektionaler Bearbeitungseigenschaften mit zirkular
polarisierter Laserstrahlung gearbeitet wird. Bei robotergeführten CO$_2$-Laseranlagen ist
bislang sogar im Falle geradliniger Bearbeitung (1 D) nur durch zirkular polarisierte Laserstrahlung eine Konstanthaltung der Bearbeitungsparameter möglich.

Die thermische Belastbarkeit der zur Erzeugung von zirkularer Polarisation notwendigen $\lambda$/4-
Phasenverzögerungsspiegel ist begrenzt. Eine Überschreitung der Belastbarkeitsgrenzen führt

zu einem Aufschmelzen der Beschichtungen dieser Spiegel und setzt damit deren Standzeit herab [3.25]. Der Verwendung dieser Technologie sind daher Grenzen bezüglich der maximalen Laserstrahlleistung gesetzt, so daß in Leistungsbereichen von 10 kW und darüber der zuverlässige Einsatz zirkularer Polarisation ungesichert erscheint.

| Polarisation bleibt konstant orientiert: | 5-Achsen-Portal | 5- oder 6-Achsen-Roboter |
|---|---|---|
| im Raum und zur Bahntangente bei 1 D-Bahnfahrt | Ja | Nein |
| im Raum bei 2 D-Bahnfahrt | Ja | Nein |
| zur Bahntangente bei 2 D-Bahnfahrt | Nein | Nein |
| zur Bahntangente bei 3 D-Bahnfahrt | Nein | Nein |

Tabelle 3.1:   Konstanthaltung der Orientierung linearer Polarisation während Bahnfahrten im Falle zweier $CO_2$-Laseranlagentypen mit unterschiedlichen Strahlführungskinematiken.

# 4  Zielsetzung und Vorgehensweise

Der Stand der Erkenntnisse zum Laserstrahlschweißen zeigt, daß die Orientierung der linearen Polarisation der Laserstrahlung einen deutlichen Einfluß auf die erzeugten Nahtquerschnitte ausübt, siehe Kapitel 3.1.3. Insbesondere ist bekannt, daß der Einsatz einer parallel polarisierten Laserstrahlung im Vergleich zu unpolarisierter oder zirkular polarisierter Laserstrahlung zu höheren möglichen Schweißgeschwindigkeiten und damit einer Steigerung der Wirtschaftlichkeit des Laserstrahlschweißens beiträgt.

Der Stand der Technik bei $CO_2$-Laseranlagen zeigt jedoch andererseits, daß ein gezielter Einsatz der Linearpolarisation in der mehrdimensionalen Lasermaterialbearbeitung bis heute nicht möglich ist, siehe Kapitel 3.2.2. Statt dessen muß bislang, zur Umgehung dieses Mangelzustandes beim Einsatz moderner, linear polarisierter $CO_2$-Hochleistungslaser, die lineare Polarisation in eine zirkulare übergeführt werden. Aber auch dies ist, aufgrund der begrenzten thermischen Belastbarkeit der hierzu notwendigen Phasenverzögerungsspiegel, nur leistungsbegrenzt möglich, so daß derzeit für kommende Lasermaterialbearbeitungsverfahren mit höchsten Laserleistungen noch keine technische Lösung vorhanden ist.

Ziele dieser Arbeit sind, den gezielten Einsatz der linearen Polarisation in der mehrdimensionalen Lasermaterialbearbeitung zu ermöglichen und die dadurch erreichbaren Verfahrensvorteile exemplarisch beim Laserstrahlschweißen von Dünnblechen aus Stahl zu demonstrieren.

Zunächst werden Aufbau und Funktionsweise eines Gerätes beschrieben, welches eine Steuerbarkeit der Polarisationsorientierung ermöglicht. Das Gerätekonzept erlaubt den Einsatz an jedem kommerziell erhältlichen Laseranlagentyp. Ein Prototyp dieses Gerätes wurde in eine robotergeführte Laseranlage eingebaut, mit welcher im weiteren die verfahrenstechnischen Untersuchungen durchgeführt worden sind.

Die verfahrenstechnischen Untersuchungen zum robotergeführten Laserstrahlschweißen wurden an Dünnblechen durchgeführt, einem bei Robotereinsätzen zum konventionellen Schweißen typischen Werkstoffspektrum. Exemplarisch wurden für die Untersuchungen Feinbleche St 14 der Dicke 1 mm ausgewählt, welche im Überlappstoß mittels Liniennaht und im Stumpfstoß mittels I-Naht verschweißt wurden.

Um zur erfolgreichen Verbreitung des robotergeführten Laserstrahlschweißens beizutragen, standen bei der Verfahrensentwicklung nicht nur Steigerungen der Verfahrenswirtschaftlichkeiten im Vordergrund, sondern auch Steigerungen der Fehlertoleranzen. Unter Fehlertoleranz ist dabei die Unempfindlichkeit des Verfahrens gegenüber Ungenauigkeiten bei der Positionierung des Laserstrahls zur Fügestelle zu verstehen.

# 5 Versuchseinrichtungen

## 5.1 Lasergerät und Strahlführung

Die verwendete Strahlquelle ist ein $CO_2$-Lasergerät der Fa. Trumpf mit einer nominellen maximalen Ausgangsleistung von 5 kW (Typ TLF 5000). Das Lasergerät ist längsgeströmt und hochfrequenzangeregt, sein konfokal stabiler Resonator vierfach gefaltet. Die sechs zur Faltung eingesetzten Kupferspiegel im Resonator verleihen dem Laserstrahl eine lineare Polarisation. Der Resonator besitzt einen thermisch stabilen Aufbau mit einem zentralen, wassergekühlten Tragrohr.

Die Lasersteuerung bietet die drei Betriebsarten "Kontinuierlich (cw)", "Tastung" und "Pulsen" an. Bei kontinuierlicher Betriebsart wird das laseraktive Medium fortwährend mit einer Senderfrequenz von 13,56 MHz angeregt. Diese Betriebsart ist nur in einem Bereich der Laserausgangsleistung zwischen 70 und 100 % möglich. Leistungen unter 100 % werden dabei durch eine Amplitudenabsenkung der Anregungsenergie erreicht.

Die Betriebsart Tastung ermöglicht stärkere Absenkungen der Laserausgangsleistung. Dazu werden mit einer einstellbaren Tastfrequenz abwechselnd 100 % und 0 % Anregungsenergie an das laseraktive Medium abgegeben. Bei hohen Tastfrequenzen im Bereich mehrerer Kilohertz führt dies, aufgrund der Relaxationszeiten des laseraktiven Mediums, zu kontinuierlichen Verläufen der Laserausgangsleistung. Bei einer Laserausgangsleistung von 100 % sind die Betriebsarten "Kontinuierlich" und "Tastung" identisch.

Die gepulste Betriebsart ermöglicht Kombinationen von Puls- und Pausenzeiten, die jeweils zwischen 0,1 und 3 ms liegen können. Während der Pulszeit wird der Laser mit 100 % Senderleistung angeregt.

Zur Integration in Laseranlagen verfügt die Steuerung des Lasergerätes über ein Interface zu den als Master arbeitenden NC-Anlagensteuerungen. Schaltbefehle werden dabei über binäre Signale ausgetauscht. Kontinuierlich einstellbare Größen, wie die Laserausgangsleistung, können über Analogspannungen mit einem Pegel von 0 bis 10 V eingestellt werden.

Zur Strahlführung zwischen dem Lasergerät und der robotergeführten Laseranlage wurde ein linear aufgebautes Strahlführungs- und -verteilungssystem eingesetzt, dessen Schema in

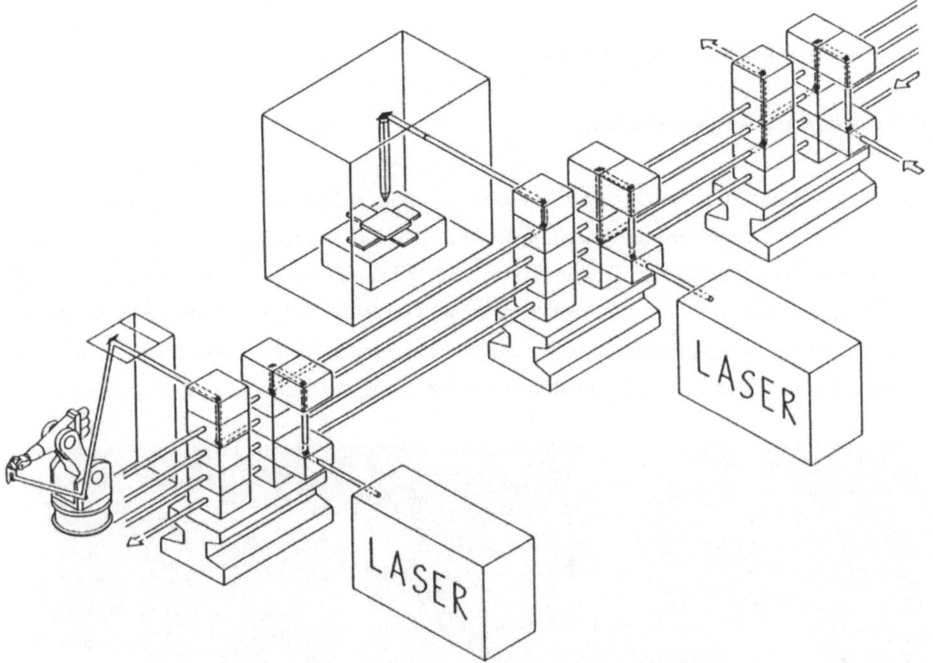

Bild 5.1:  Schema des am IFSW realisierten linearen Strahlführungs- und -verteilungssystems für Mehrstationen- und Simultanbetrieb.

Bild 5.1 dargestellt ist [5.1, 5.2]. Dieses am IFSW aufgebaute System erlaubt die Verbindung von bis zu vier $CO_2$-Hochleistungslasern mit bis zu acht Laseranlagen. Zur flexiblen Gestaltung des Strahlwegs werden darin verfahrbare Strahlweichenspiegel eingesetzt, siehe Bild 5.2. Um trotz der unterschiedlichen, bis zu 35 m langen Strahlwege zwischen Lasergeräten und Laseranlagen überall vergleichbare Rohstrahldurchmesser zu erhalten, verfügt das System über Strahlteleskope für jedes angeschlossene Lasergerät.

Zwischen dem benutzten Lasergerät und dem Eingang der robotergeführten Laseranlage beträgt die Strahlweglänge im beschriebenen Strahlführungssystem 9 m.

Bild 5.2:  Bewegliche Strahlweiche im verwendeten Strahlführungs- und -verteilungssystem.

## 5.2    Robotergeführte Laseranlage

### 5.2.1    Allgemeine Eigenschaften

Die robotergeführte Laseranlage besteht aus einem Standard-Industrieroboter, kombiniert mit einem externen Strahlführungssystem, siehe Bild 5.3. Der eingesetzte 6-achsige Knickarmroboter mit einer maximalen Tragkraft von 250 N ist ein Gerät der Fa. KUKA, Typ IR 161/25, ausgerüstet mit einer Siemens-Steuerung, Typ RCM 3.2. Der Roboter ist herstellerseitig mit einem Laser-Engineeringpaket ausgerüstet, welches mechanische und steuerungstechnische Komponenten und Maßnahmen zur Erhöhung der Bahngenauigkeit umfaßt.

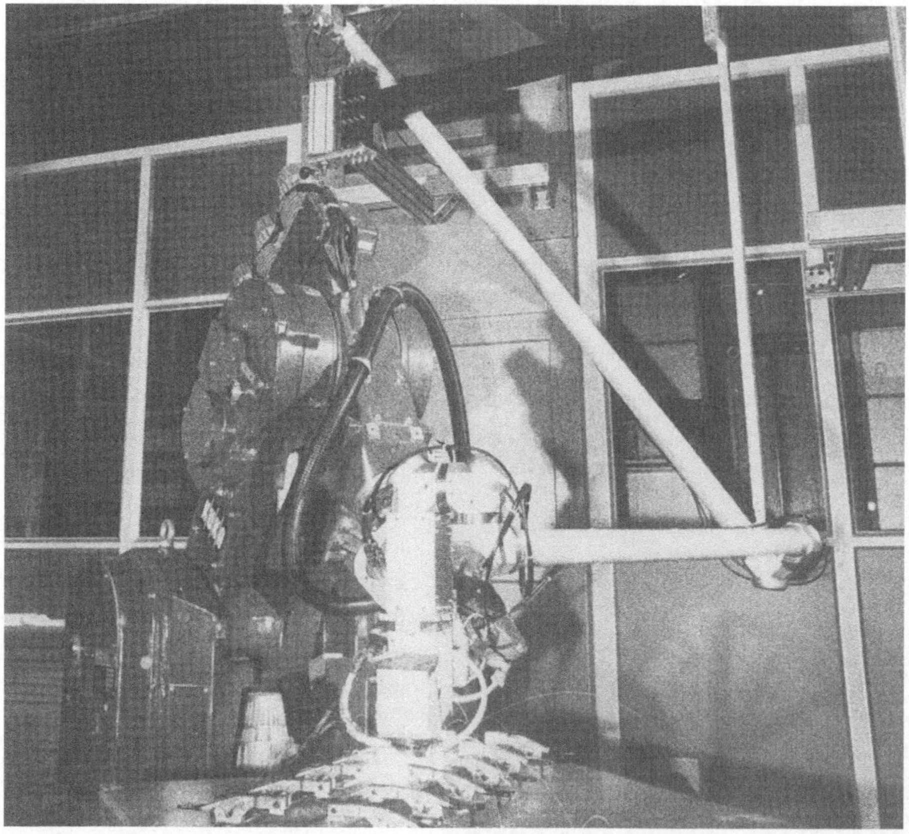

Bild 5.3:  Robotergeführte Laseranlage, an welcher die Untersuchungen durchgeführt wurden. Der Standard-Industrieroboter trägt ein externes, passives Strahlführungssystem in Knickarmbauweise.

An der Roboterhand ist ein passives 6-achsiges $CO_2$-Strahlführungssystem der Fa. Zeiss, Typ SFS 07/7 befestigt. Zwischen Roboterhand und Strahlführungssystem ist eine Abschaltsicherung eingebaut, die im Falle einer Kollision des Roboterwerkzeugs mit einem Hindernis, aber auch bei Kollisionen zwischen Roboter und Strahlführungssystem, einen Not-AusZustand der Laseranlage bewirkt. Weitere Bestandteile des Roboterwerkzeugs sind Fokussieroptik und Bearbeitungsdüse.

Die gekoppelten Kinematiken von Roboter und Strahlführungssystem erlauben einen torusähnlichen Arbeitsraum mit einem nutzbaren Volumen von ca. 2 m$^3$.

Die Länge des Strahlwegs innerhalb der robotergeführten Laseranlage beträgt 6 m, wovon 4,2 m im beweglichen Strahlführungssystem liegen. Zur Strahlführung ist in der Anlage ein fester Umlenkspiegel eingebaut, sowie sieben weitere Spiegel, die sich im beweglichen Strahlführungssystem befinden. Zusammen mit der eingesetzten Fokussieroptik in Z-Faltung-Bauweise, welche zwei Spiegel beinhaltet, sind in der verwendeten Laseranlage damit insgesamt zehn Spiegel im Einsatz.

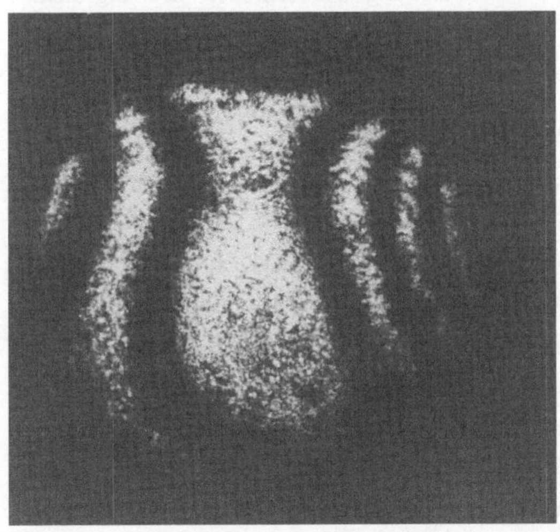

Bild 5.4:   Interferogramm des verwendeten Strahlführungssystems Zeiss SFS 07/7. Meßwellenlänge 632,8 nm, Twyman-Green-
Aufbau mit doppeltem Strahldurchgang.

Die Verzerrungseigenschaften des verwendeten beweglichen Strahlführungssystems Zeiss SFS 07/7 wurden vor Beginn der Untersuchungen gemessen. Eine hohe Planität der Strahlführungsspiegel ist von besonderer Bedeutung, da eine Verzerrung der Phasenfront der Laserstrahlung von mehr als 1/4 der Wellenlänge die Fokussiereigenschaften bereits deutlich verschlechtert [5.3]. Die Verzerrungseigenschaften des gesamten Strahlführungssystems, die sich durch die summarische Überlagerung der Verzerrungen seiner sieben eingebauten Umlenkspiegel ergeben, wurden in einem Twyman-Green-Interferometer mit doppeltem Strahldurchgang untersucht. Als Meßlaser diente ein He-Ne-Laser mit einer Wellenlänge von 632,8 nm. Bild 5.4 zeigt das erhaltene Interferogramm. Entsprechend des verwendeten Aufbaus entspricht darin ein Streifen (hell - dunkel - hell) einer Verzerrung von 1/4 der Wellenlänge des Meßlasers. Die im Bild sichtbare Gesamtverzerrung des Strahlführungssystems beträgt 3/4 der Meßwellenlänge, entsprechend 1/22 der Wellenlänge der $CO_2$-Laserstrahlung. Damit liegen die Verzerrungen um den Faktor fünf unter der genannten zulässigen Höchstgrenze.

Nach der Transformation des Laser-Rohstrahls im Strahlteleskop des Hallen-Strahlführungssystems und nach dem insgesamt 15 m langen Strahlweg vom Ausgang des Lasergerätes durch das Hallen-Strahlführungssystem und die robotergeführte Laseranlage hindurch, besitzt der an der Werkzeugspitze angelangte Rohstrahl einen Durchmesser von 39,1 mm. Eine isometrische Darstellung der örtlichen Leistungsdichteverteilung des Rohstrahls zeigt Bild 5.5.

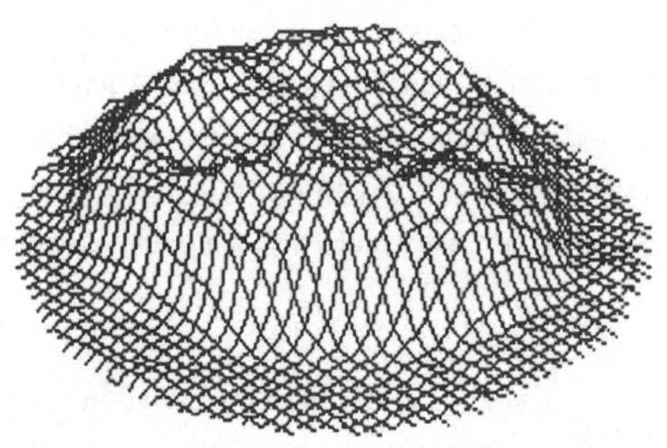

Bild 5.5:   Örtliche Leistungsdichteverteilung des Rohstrahls, gemessen an der Werkzeugspitze der robotergeführten Laseranlage.
(Meßmittel: Prometec UFF 100).

Die Apertur der Strahlführungskomponenten in der robotergeführten Laseranlage beträgt 45 mm. Dieser nur um ca. 15 % über dem gemessenen Rohstrahldurchmesser liegende Wert läßt die Strahlführung der Anlage wie eine Blende für den Rohstrahl wirken. Die ausgeblendeten, stark durch Beugungseffekte geprägten Leistungsanteile sind für eine Strahlfokussierung ohnehin nicht nutzbar [5.4]. Da der Prozentsatz dieser ausgeblendeten Leistungsanteile an der gesamten Strahlleistung nicht bekannt ist, können auch die durch die Absorptionseigenschaften der Strahlführungsspiegel der Anlage verursachten Leistungsverluste nicht gesondert ermittelt werden. Allgemein ist aber je Umlenkspiegel mit Leistungsverlusten von unter 1 % zu rechnen [2.10]. Die gesamte Abnahme der Laserstrahlleistung (Summe aus ausgeblendeten Strahlleistungsanteilen und Absorptionsverlusten an Strahlführungsspiegeln) zwischen dem Ausgang des Lasergerätes und der Werkzeugspitze der robotergeführten Laseranlage beträgt 30 % bei einer Ausgangsleistung des Lasergerätes von 6 kW.

### 5.2.2  Bahngenauigkeit

Die Auswirkungen von Fehlern im Bahnverhalten einer Laseranlage auf den Laserstrahl-
schweißprozeß sind abhängig von der Fehlerrichtung. Bahnfehler in Richtung der Laserstrahlachse verursachen eine Veränderung der Fokuslage auf dem Werkstück. Bahnfehler
senkrecht zur Strahlachse und zur Bewegungsrichtung beeinflussen durch Lagefehler des
Strahlflecks die Lage der auf dem Werkstück entstehenden Schweißnaht.

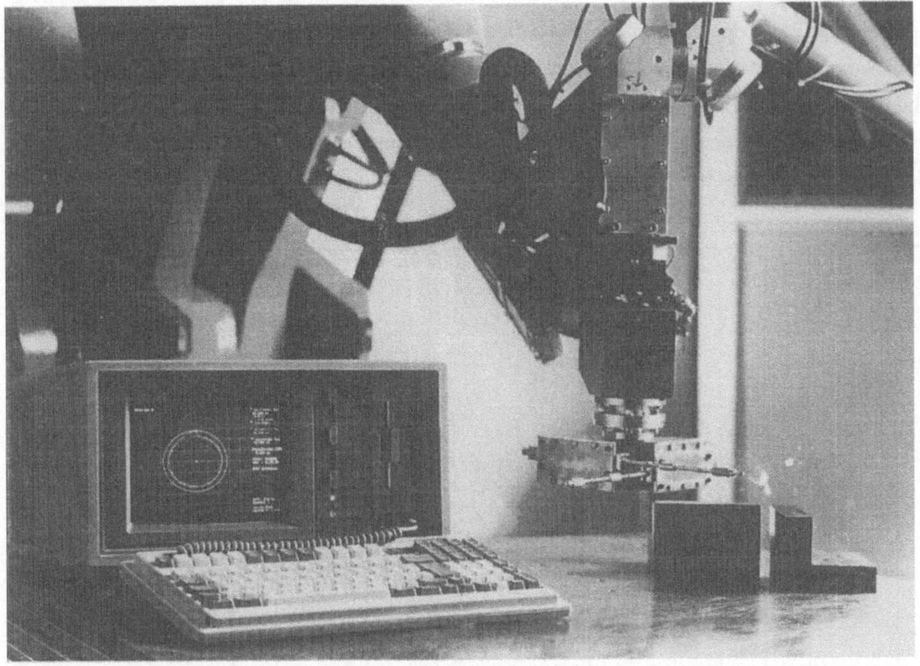

Bild 5.6:  Ausrüstung der Werkzeugspitze der Roboteranlage mit potentiometrischen
Wegaufnehmern zur Ermittlung des zweidimensionalen Bahnverhaltens.

Da bei allen hier durchgeführten Schweißuntersuchungen die Strahlinzidenz auf die
Werkstückoberfläche senkrecht ist, können die Zusammenhänge zwischen der Richtung der
Bahnfehler und ihrer Auswirkung auf das Laserstrahlschweißen auch sehr einfach der
Normalrichtung (Fokuslage) und der Lateralrichtung (Nahtlage) zur Bezugsoberfläche
zugeordnet werden.

Entlang eindimensionaler Bewegungsbahnen wurde die Bahngenauigkeit gemäß der Richtlinie VDI 2861 [5.5] untersucht. Darüberhinaus wurden auch, ebenfalls in Anlehnung an die
Richtlinie VDI 2861, Genauigkeitskenngrößen entlang zweidimensionaler Bahnen ermittelt.

Zur Messung des Bahnverhaltens wurden an der Werkzeugspitze der Laseranlage taktile,
potentiometrische Wegaufnehmer befestigt, siehe Bild 5.6. Die analogen Meßsignale wurden
mit Meßfrequenzen von mindestens 500 Hz je Kanal aufgezeichnet und anschließend in
digitalisierter Form abgespeichert. Die Auflösung des gesamten Meßsystems betrug 9 μm.

Allgemein werden entlang geradliniger Bahnen gemäß der Richtlinie VDI 2861 Bahngenauigkeitskenngrößen von Roboteranlagen entlang 1 m langer Bahnen gemessen, die nur durch
ihre Anfangs- und Endpunkte programmiert sind. Bei den Messungen ergaben sich bei einer
Bahngeschwindigkeit von 8 m/min für den mittleren Bahnabstand 0.08 mm und für den
mittleren Bahnstreubereich 1.22 mm. Die größte gemessene Abweichung zwischen Ist- und
Sollbahn betrug 0.69 mm.

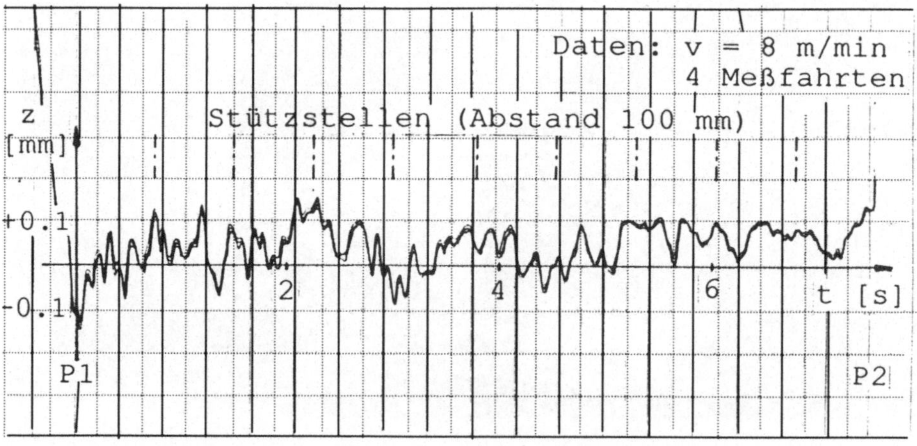


Bild 5.7:  Bahnabweichungen z in Normalrichtung entlang der 1 m langen Wannenlage-
           schweißbahn von P1 nach P2. P1: [ 950 ; 1300 ; 700 ], P2: [ 950 ;  300 ; 700 ]
           (Werte in mm).

Um für das Laserstrahlschweißen höhere Bahngenauigkeiten zu erhalten, wurden die für
Schweißaufgaben vorgesehenen geradlinigen Bahnen unter Zuhilfenahme der Meßvorrichtung
feinprogrammiert. Dabei wurden zusätzlich zum Anfangs- und Endpunkt jeder Bahn alle
100 mm Bahnzwischenpunkte als Stützstellen in das Bewegungsprogramm einprogrammiert.
Die Punkte wurden mit Hilfe der Meßvorrichtung in Sollage angefahren und abgespeichert,

die so erhaltenen Bahnen anschließend abgefahren und das Bahnverhalten währenddessen erneut aufgezeichnet. Die Aufzeichnungen dienten als Grundlage für ein Nachprogrammieren der Bahnpunkte, bis eine bestmögliche Annäherung an die Sollbahnen erreicht war.

Bild 5.7 zeigt das durch Feinprogrammieren erzielte Bahnverhalten der Roboteranlage entlang der 1 m langen Wannenlage-Schweißbahn in der Normalrichtung. Die darin zutage tretenden größten Bahnabweichungen betragen ±0,15 mm. Diese Bahngenauigkeit konnte entlang aller gemessenen geradlinigen Bahnen durch Feinprogrammieren stets sowohl in der Lateral- als auch in der Normalrichtung erreicht werden. Aus Bild 5.7 sind auch die Differenzen der Istbahnen mehrerer Bahndurchläufe zueinander erkennbar. Sie liegen im Bereich der Meßauflösung von ca. 0,01 mm.

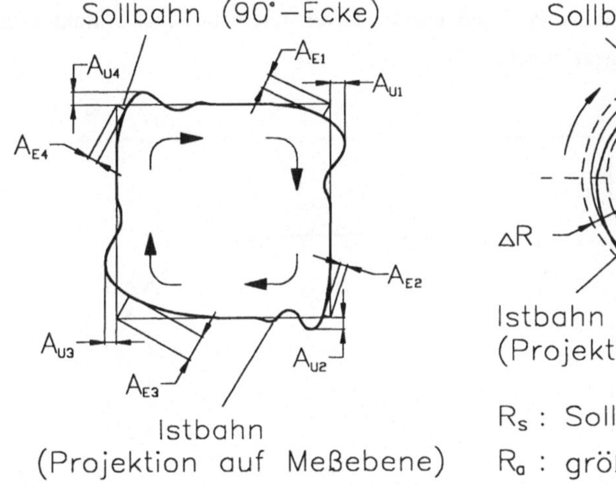


Bild 5.8:  Ermittelte Genauigkeitskenngrößen an den zweidimensionalen Prüffiguren Kreis und 90°-Ecke (Quadrat). Definitionen und Bezeichnungen gemäß VDI 2861 [5.5].

Entlang zweidimensionaler Bewegungsbahnen wurden Bahngenauigkeitskenngrößen an 90°-Ecken und an Kreisen bestimmt. Bild 5.8 zeigt schematisch die ermittelten Kenngrößen, die der Richtlinie VDI 2861 entnommen sind. An 90°-Ecken wurden die Eckenfehler $A_E$ und die Überschwingfehler $A_u$ bestimmt. An Kreisen wurde der größte Istbahnradius $R_a$, der kleinste Istbahnradius $R_i$ und die Bahnradiusdifferenz $\Delta R$ bestimmt. Es sei erwähnt, daß sich in der Richtlinie VDI 3427 [5.6] und im Normentwurf zu DIN 32517 [5.7] ebenfalls Bahngenauigkeitskenngrößen finden, welche teilweise identisch zu den ermittelten sind, jedoch abweichende Bezeichnungen tragen.

Die Bezugsebene, in welcher das zweidimensionale Bahnverhalten untersucht wurde, war identisch mit der Ebene, in welcher anschließend die Schweißuntersuchungen durchgeführt wurden. Es war dies eine X/Y-Ebene (Z = const.) im Arbeitsraum. Als Mittelpunkt der abzufahrenden Figuren wurde der Punkt (X = 950 mm; Y = 800 mm; Z = 700 mm) gewählt.

Beim Prüfpunkt 90°-Ecke wurde ein Quadrat mit einer Kantenlänge von 75 mm abgefahren, so daß dadurch vier 90°-Ecken je Meßfahrt ausgewertet werden konnten. Die Kanten des Quadrats lagen parallel zu den X- bzw. Y-Raumachsen der Anlage. Die Bahn wurde mit konstanter Geschwindigkeit programmiert, ohne Geschwindigkeitsabsenkungen an den Eckpunkten. Die Soll-Eckpunkte der Prüffigur wurden zuvor durch statisches Anfahren der programmierten Eckpunkte aufgezeichnet.

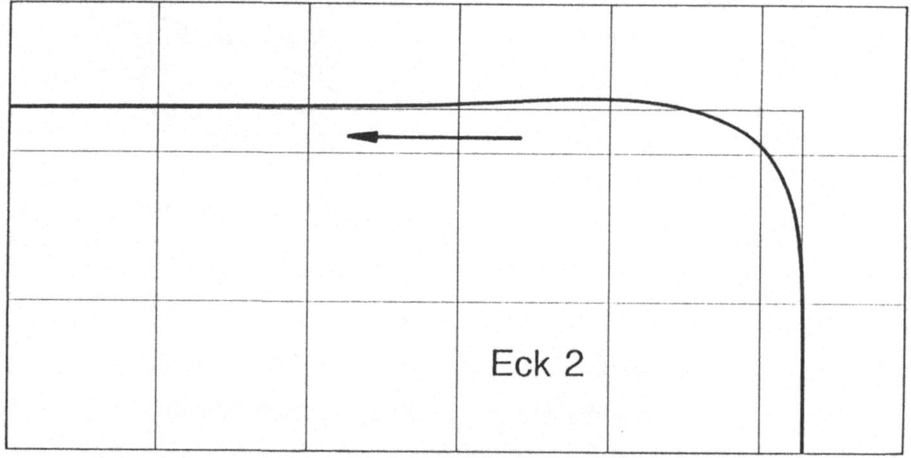


Maßstab: Rasterlinienabstände = 8,6 × 8,6 mm

Bild 5.9:　Bahnverhalten der robotergeführten Laseranlage beim Umfahren einer 90°-Ecke (Teil eines von der Laseranlage gefahrenen Quadrats). Programmierte Geschwindigkeit: 10 m/min.

Bild 5.9 zeigt das bei 10 m/min aufgezeichnete Bahnverhalten, Tabelle 5.1 enthält eine Übersicht der bei unterschiedlichen Bahngeschwindigkeiten ermittelten Genauigkeitskenngrößen. In Bild 5.10 ist der zu Bild 5.9 gehörige Geschwindigkeitsverlauf aufgezeichnet. Man

| $v_{prog}$ in m/min | Eckenfehler $A_E$ in mm | | | | | Überschwingfehler $A_u$ in mm | | | | |
|---|---|---|---|---|---|---|---|---|---|---|
| | Eck 1 | Eck 2 | Eck 3 | Eck 4 | Mittel-wert | Eck 1 | Eck 2 | Eck 3 | Eck 4 | Mittel-wert |
| 2 | 0,85 | 0,55 | 0,67 | 0,73 | 0,7 | 0,26 | 0,3 | 0,36 | 0,09 | 0,25 |
| 5 | 2,25 | 1,74 | 1,87 | 1,79 | 1,91 | 0,27 | 0,39 | 0,35 | 0,12 | 0,28 |
| 10 | 4,19 | 3,21 | 3,9 | 3,44 | 3,69 | 0,22 | 0,56 | 0,31 | 0,18 | 0,32 |
| 20 | 7,92 | 3,95 | 7,81 | 4,25 | 5,98 | 0,57 | 1,16 | 0,42 | 0,86 | 0,75 |

Tabelle 5.1:   Gemessene Eckenfehler $A_E$ und Überschwingfehler $A_u$ an den vier 90°-Ecken eines Quadrats.

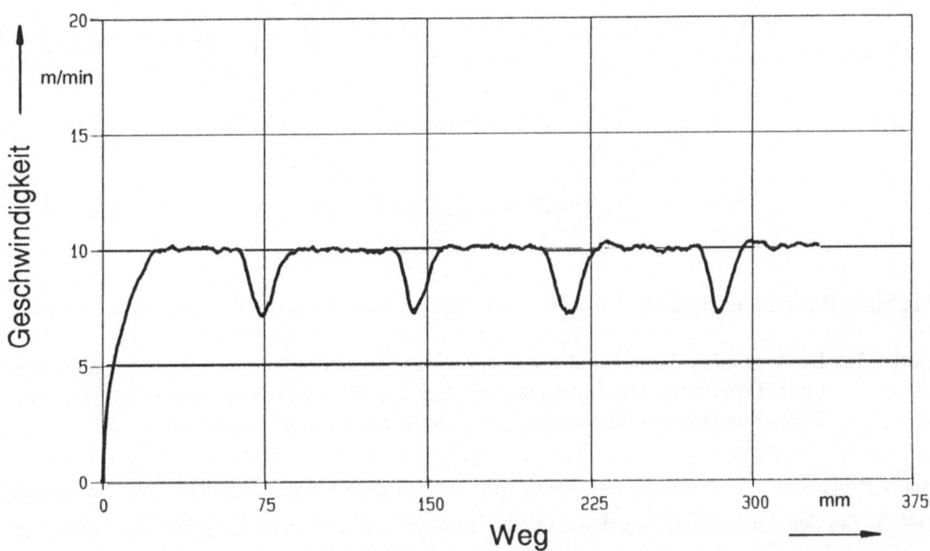


Bild 5.10:   Geschwindigkeitsverlauf beim Fahren eines Quadrats mit 75 mm Kantenlänge. Programmierte Geschwindigkeit: 10 m/min. Keine programmierte Geschwindigkeitsreduzierung an den Eckpunkten.

erkennt die gute Einhaltung der programmierten Geschwindigkeit entlang der Geraden-
abschnitte der Bahn, sowie eine Geschwindigkeitsabsenkung an den Eckpunkten auf etwa den
$1/\sqrt{2}$-fachen Wert. Dieses Verhalten stellte sich bei allen untersuchten Geschwindigkeiten ein.

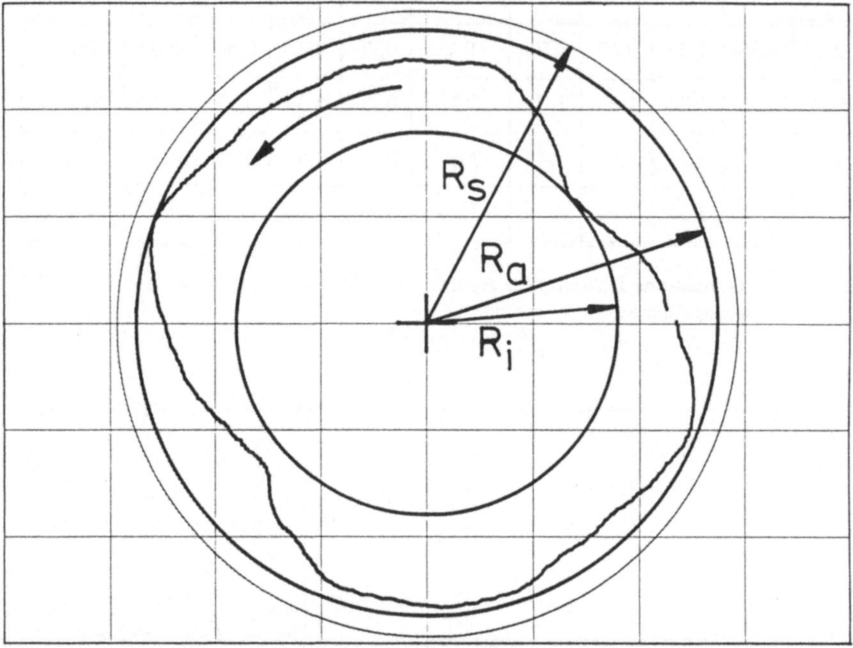


Maßstab: Rasterlinienabstände 8,5 × 8,5 mm, Abweichungen zum Sollradius 10 × überhöht.

Bild 5.11: Bahnverhalten beim Fahren eines Kreises mit Sollradius 25 mm und fliegendem
          Start. Programmierte Bahngeschwindigkeit: 10 m/min. Die Abweichungen zum
          Sollradius sind zur Verdeutlichung zehnfach überhöht dargestellt.

Beim Prüfpunkt Kreis wurde ein Kreis mit Sollradius 25 mm eineinhalb mal umrundet
(540°). Bei der Auswertung wurden das erste und letzte Viertelkreis-Segment zur Ausschei-
dung von Anfahr- und Abbremsphänomenen ausgeklammert, so daß ein fliegend gefahrener
360°-Vollkreis zur Auswertung kam. Bild 5.11 zeigt das bei 10 m/min aufgezeichnete Bahnverhalten, Bild 5.12 den dazugehörigen Geschwindigkeitsverlauf. Eine gute Einhaltung der
programmierten Bahngeschwindigkeit zeigte sich bei den Messungen mit 2, 5 und 10 m/min.
Bei den Messungen mit einer programmierten Bahngeschwindigkeit von 20 m/min wurde nur

eine Bahngeschwindigkeit von 18 m/min erreicht. Tabelle 5.2 gibt eine Übersicht der bei unterschiedlichen programmierten Bahngeschwindigkeiten erhaltenen Genauigkeitskenngrößen.

| $v_{prog}$ in m/min | Größter Istbahnradius $R_a$ in mm | Kleinster Istbahnradius $R_i$ in mm | Bahnradiusdifferenz $\Delta R$ in mm |
|---|---|---|---|
| 2 | 25,38 | 24,57 | 0,81 |
| 5 | 25,26 | 24,38 | 0,88 |
| 10 | 24,84 | 24,0 | 0,84 |
| 20 | 24,15 | 22,72 | 1,43 |

Tabelle 5.2:   Gemessene Istbahnradien $R_a$, $R_i$ und Bahnradiusdifferenzen $\Delta R$ beim Fahren eines Kreises mit Sollradius 25 mm.

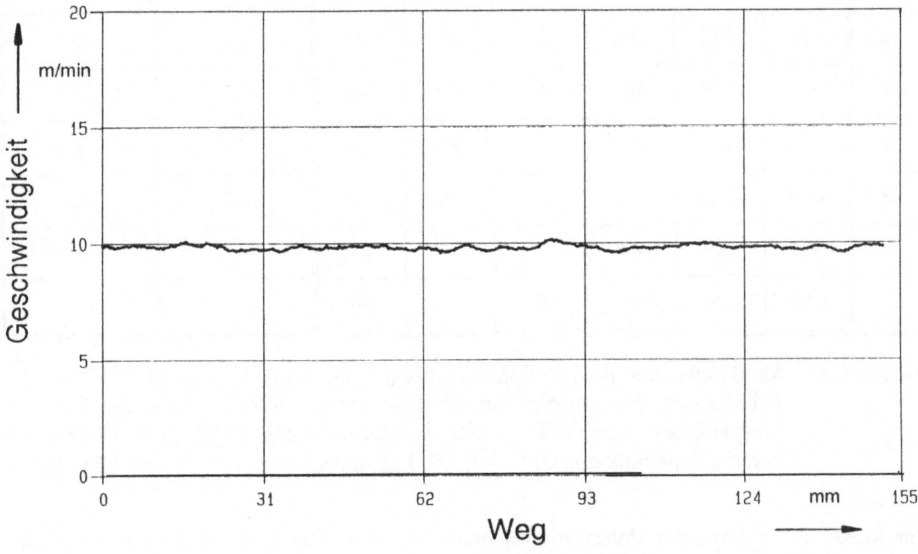


Bild 5.12:   Geschwindigkeitsverlauf beim Fahren eines Kreises mit Sollradius 25 mm und fliegendem Start. Programmierte Geschwindigkeit: 10 m/min.

### 5.2.3   Polarisationsorientierung im Arbeitsraum

Wie in Kapitel 3.2.2 beschrieben, kommt es an Laseranlagen bei Bewegungen der Werkzeugspitze, die Rotationsbewegungen von Strahlführungsspiegeln der Anlage bedingen, zu Beeinflussungen der Polarisationsorientierung im Arbeitsraum. Bei robotergeführten Anlagen mit ausschließlich rotatorischen Freiheitsgraden, wie z.B. der hier untersuchten, treten Verdrehungen der Polarisationsebene auch bei geradlinigen Bewegungen der Werkzeugspitze auf. Um das Ausmaß der Polarisationsverdrehungen an der untersuchten Anlage zu ermitteln, wurde an verschiedenen Punkten im Arbeitsraum die Orientierung der Polarisation gemessen.

| Ort Nr. | TCP-Koordinaten [mm] | | | TCP-Orientierung [°] | | | Polarisationsorientierung [°] relativ zu: | |
|---|---|---|---|---|---|---|---|---|
| | X | Y | Z | A | B | C | Y-Achse | Bahn |
| 1 | 779 | 1229 | 600 | 0 | 90 | -166 | 35 | 21 |
| 2 | 877 | 842 | 600 | 0 | 90 | -166 | 25 | 11 |
| 3 | 926 | 649 | 600 | 0 | 90 | -166 | 21 | 7 |
| 4 | 975 | 455 | 600 | 0 | 90 | -166 | 18 | 4 |
| 5 | 663 | -354 | 1847 | 0 | -90 | 82 | -37 | 45 |
| 6 | 999 | -304 | 1847 | 0 | -90 | 82 | 8 | 90 |
| 7 | 950 | 800 | 607 | 0 | 90 | 180 | 0 | — |

Tabelle 5.3:   Messungen der Polarisationsorientierung an unterschiedlichen Meßorten im Arbeitsraum der robotergeführten Laseranlage. Koordinaten- und Orientierungsangaben zum TCP gemäß Anlagensteuerung RCM [5.8] (Meßmittel: Polarisationsindikator GFO P 6000, Leistungsmeßgerät Coherent LM-5000).

Zur Messung der Lage der Polarisationsebene wurde ein Polarisationsindikator eingesetzt, welcher zur Indikation die Fresnel'schen Absorptionsgesetze nutzt. Dazu wird der Laserstrahl im Inneren des Indikators durch eine labyrinthartige Anordnung von schräg zur Strahlachse stehenden Kupferlamellen geleitet. Die Anordnung der Lamellen ist so gestaltet, daß die Laserstrahlung mehrfach unter hohen Einfallswinkeln auf die Lamellenoberflächen auftrifft. Unter diesen Bedingungen wird ein parallel zur Einfallsebene polarisierter Strahlanteil ungleich stärker von den Kupferlamellen absorbiert als ein senkrecht orientierter, siehe Kapitel 2.3.1. Die nicht im Indikator absorbierten Strahlanteile treten an dessen Rückseite aus und werden mittels eines Laserleistungsmeßgerätes ermittelt. Der Indikator ermöglicht eine Drehung der Lamellenanordnung um die Achse des einfallenden Strahles. Die Lage der Polarisationsebene wird detektiert durch diejenige Drehstellung des Indikators, bei welcher ein Minimum an Leistung durch diesen hindurchtritt. Die Ablesegenauigkeit am Indikator beträgt 1°.

Tabelle 5.3 enthält die Koordinaten von untersuchten Stellungen der Werkzeugspitze im Arbeitsraum und die Ergebnisse der dort durchgeführten Polarisationsmessungen. Die Stellungen 1 bis 4 besitzen identische Orientierungen und sind Punkte einer geradlinigen Bahn, die in Wannenlage abgefahren wurde. Ebenso besitzen die Stellungen 5 und 6 identische Orientierungen und sind Punkte einer in Überkopfstellung gefahrenen geradlinigen Bahn. Bild 5.13 veranschaulicht die Lage der Bahnen und der dort gemessenen Polarisationsorientierungen.

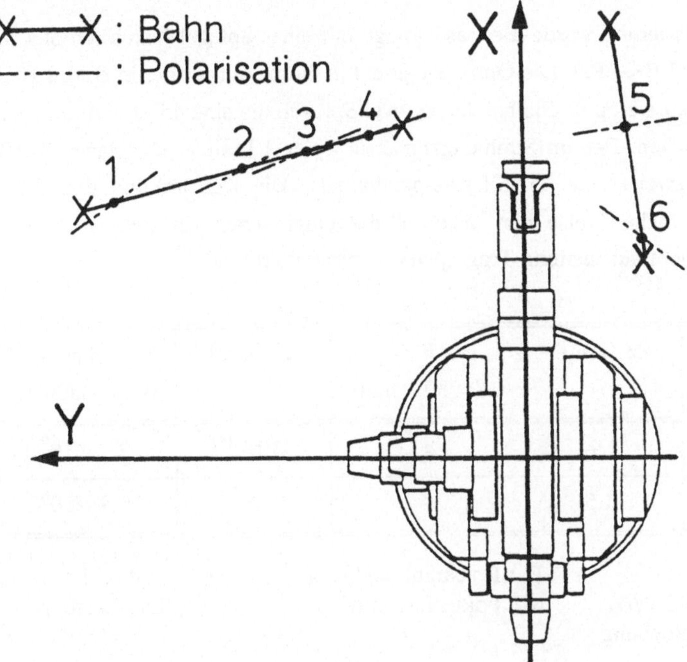


Bild 5.13:    Bildliche Darstellung der Polarisationsorientierungen entlang der untersuchten geradlinigen Bahnen (Meßorte 1 bis 6 aus Tabelle 5.3).

Die Ergebnisse belegen, daß entlang geradliniger Bahnen gleicher Länge die jeweilige Veränderung der Polarisationsorientierung unterschiedlich stark ausfallen kann. So dreht sich beispielsweise die Polarisationsorientierung auf der 798 mm langen Strecke zwischen den Meßorten 1 und 4 lediglich um 17°, auf der nur 340 mm langen Strecke zwischen den Orten 5 und 6 jedoch um 45°.

Mit einem weiteren Polarisationsmeßgerät höherer Auflösung [5.9] wurden am Eintrittsort der Strahlung in die robotergeführte Laseranlage Messungen zur Elliptizität der Polarisation des verwendeten Laserstrahls durchgeführt. Dabei ergab sich eine Ellipsenform mit einem Längenverhältnis der beiden Hauptachsen von 80 : 1. Dies entspricht nach DIN V 18730 [2.5] einem Polarisationsgrad von p = 0,98.

## 5.3  Strahlfokussierung

Zur Strahlfokussierung wurde die Laseranlage mit einer Spiegel-Fokussieroptik ausgerüstet (Fa. Zeiss, Typ LBK-FP2). Die Optik entspricht in ihrem Aufbau der in Bild 2.10 dargestellten Spiegel-Fokussieroptik. Sie beinhaltet zwei Spiegel, die eine 45°-Z-Faltung des Strahlenganges verursachen. Der im Strahlengang erste Spiegel besitzt eine plane Oberfläche, der fokussierende zweite eine 45°-off-axis-paraboloide. Die Konstruktion der Fokussieroptik erlaubt auf einfache Weise den Wechsel der eingesetzten Spiegel, da diese in einem modularen System auf justierte Trägerplatten vormontiert sind.

| $f$ [mm] | $\Delta f$ [mm] | $F$ <br> (D = 39,1 mm) | $d_f$ [mm] | $I_{max}$ [W/cm$^2$] <br> ($P_L$ = 3350 W) |
|---|---|---|---|---|
| 152,3 | 2,9 | 4 | 0,18 [*] | 2,39*10$^7$ [*] |
| 300 | 11,5 | 8 | 0,36 | 5,98*10$^6$ |

f : Brennweite               D : Rohstrahldurchmesser        $I_{max}$ : Max. Leistungsdichte
F : Fokussierzahl (f/D)      $d_f$ : Fokusdurchmesser        $P_L$ : Laserleistung
Δf : Fokusverschiebung                                       [*]: extrapolierte Werte, da nicht meßbar

Tabelle 5.4:   Eigenschaften der fokussierten Laserstrahlung bei den verwendeten Brennweiten 152,3 mm und 300 mm.

Für die Untersuchungen standen paraboloide Fokussierspiegel mit Brennweiten von 152,3 mm bzw. 300 mm zur Verfügung. Die Eigenschaften der mit diesen Brennweiten fokussierten Laserstrahlung sind in Tabelle 5.4 aufgeführt. Da bei Leistungsdichten über $10^7$ W/cm$^2$ alle verfügbaren Meßmittel übersteuern, sind die Werte für Fokusdurchmesser und maximale Leistungsdichte bei einer Fokussierzahl von 4 aus den bei einer Fokussierzahl von 8 gemessenen extrapoliert.

Aus den gemessenen Werten für den Fokusdurchmesser $d_f$ und die Fokussierzahl F läßt sich nach der Gleichung (2.7) die Strahlqualitätszahl K der verwendeten Laserstrahlung ermitteln. Es ergibt sich eine Strahlqualität K von 0,3 beim Auftreffen auf das Werkstück.

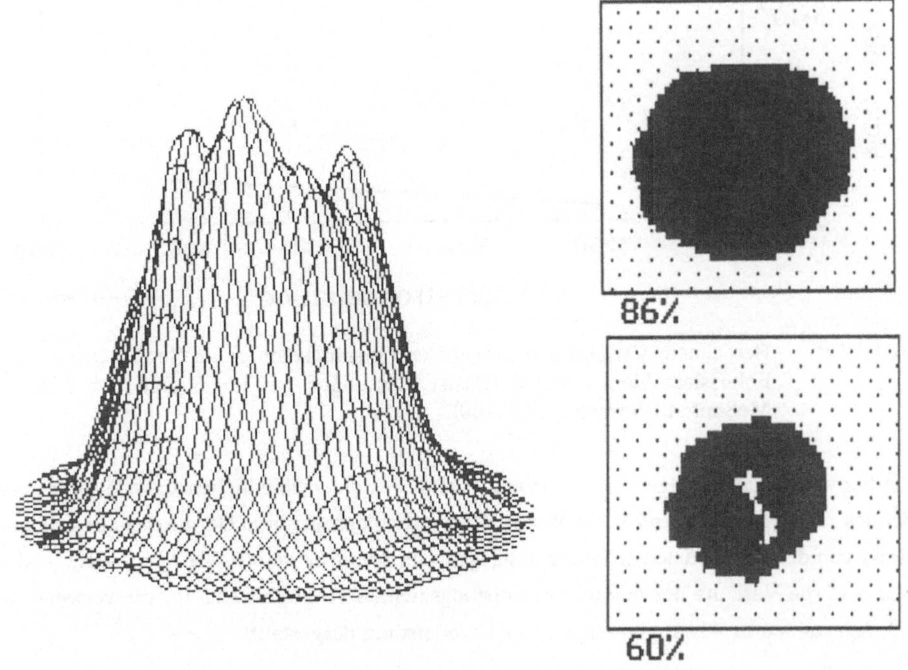


Bild 5.14:    Örtliche Leistungsdichteverteilung im Strahlfokus bei der Fokussierzahl 8: Isometrische Darstellung (links) sowie Höhenlinienverläufe bei 86 % bzw. 60 % der Strahlleistung (Meßmittel: Prometec UFF 100).

Bild 5.14 zeigt für den Strahlfokus bei der Fokussierzahl 8 eine isometrische Darstellung der örtlichen Leistungsdichteverteilung sowie den Höhenlinienverlauf für 86 % bzw. 60 % der Strahlleistung. Insbesondere im Höhenlinienverlauf für 60 % der Strahlleistung ist die kreisringförmige Leistungsdichteverteilung über dem Strahlquerschnitt gut zu erkennen.

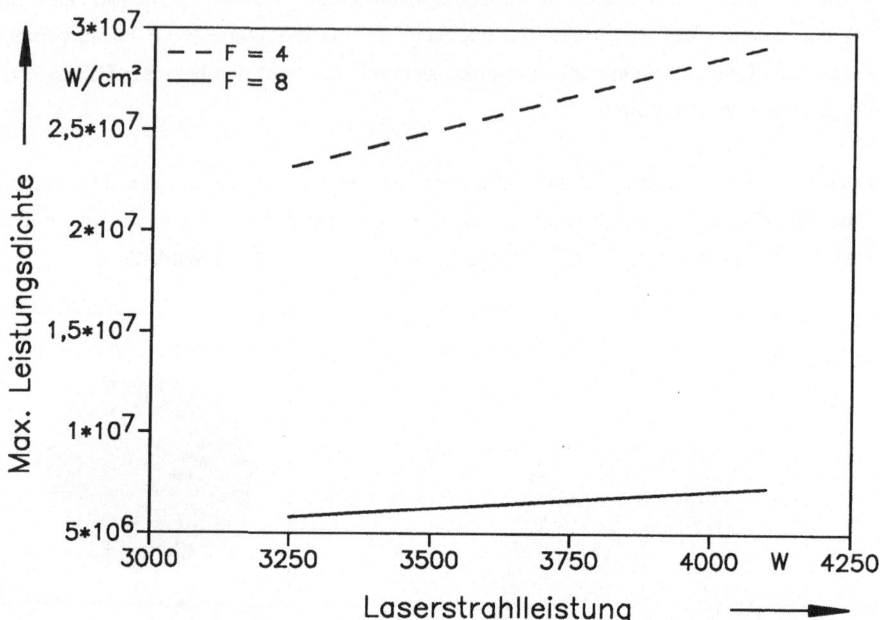


Bild 5.15:      Berechnete Verläufe der maximalen Leistungsdichten im Strahlfokus bei den Fokussierzahlen 4 und 8 (Basis: Messungen mit F = 8 und $P_L$ = 3350 W; Meßmittel: Prometec UFF 100).

Die Schweißuntersuchungen dieser Arbeit wurden mit unterschiedlichen Laserleistungen im Bereich zwischen 3250 und 4100 W am Werkstück durchgeführt. Da die Leistungsdichten direkt von der verwendeten Leistung abhängen und somit im selben Maß variierten, sind in Bild 5.15 die Verläufe der maximalen Leistungsdichten im Strahlfokus für die verwendeten Fokussierzahlen in Abhängigkeit von der Laserleistung dargestellt.

## 5.4    Prozeßgasdüsen

Ein wesentliches Merkmal der räumlichen Bearbeitung ist, daß die Richtung der Bearbeitung und auch die Normalen der zu bearbeitenden Werkstückoberflächen sich während einer Bearbeitungsaufgabe verändern können. Um bei der Bearbeitung mit einer geringstmöglichen Anzahl bewegter Achsen auszukommen, ist es erforderlich, Umorientierungen des Bearbeitungswerkzeuges um die Achse des aus der Werkzeugspitze austretenden Laserstrahles zu vermeiden. Hierzu sind rotationssymmetrisch zur Laserstrahlachse wirkende Prozeßgasdüsen notwendig.

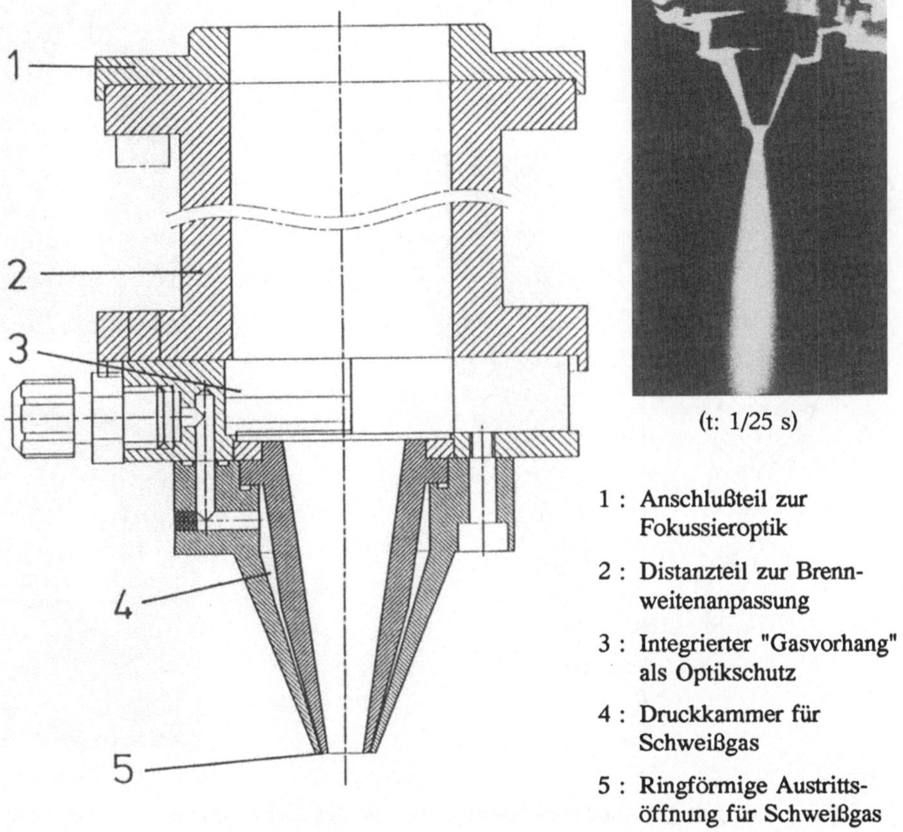



Bild 5.16:     Eingesetzte Prozeßgasdüse zum Laserstrahlschweißen. Rauchgasbild eines Schweißgas-Freistrahles von 1500 Nl/h.

Im Strahlführungssystem der eingesetzten robotergeführten Laseranlage wurde auf den Einsatz transmissiver optischer Komponenten durchgängig verzichtet, da diese, wie in Kapitel 2.2 erläutert, beim Einsatz von $CO_2$-Hochleistungslasern ihre Eigenschaften durch

Erwärmung transient verändern können. Das Fehlen solcher Komponenten (Fenster, Linsen), die gleichzeitig eine materielle Barriere im optischen Strahlengang darstellen, verhindert allerdings auch die Nutzung des Strahlführungssystems als Druckkammer zur Erzeugung eines Prozeßgasstrahles. Aus diesem Grund kamen nur Düsen zum Einsatz, die über eigene Druckkammern verfügten.

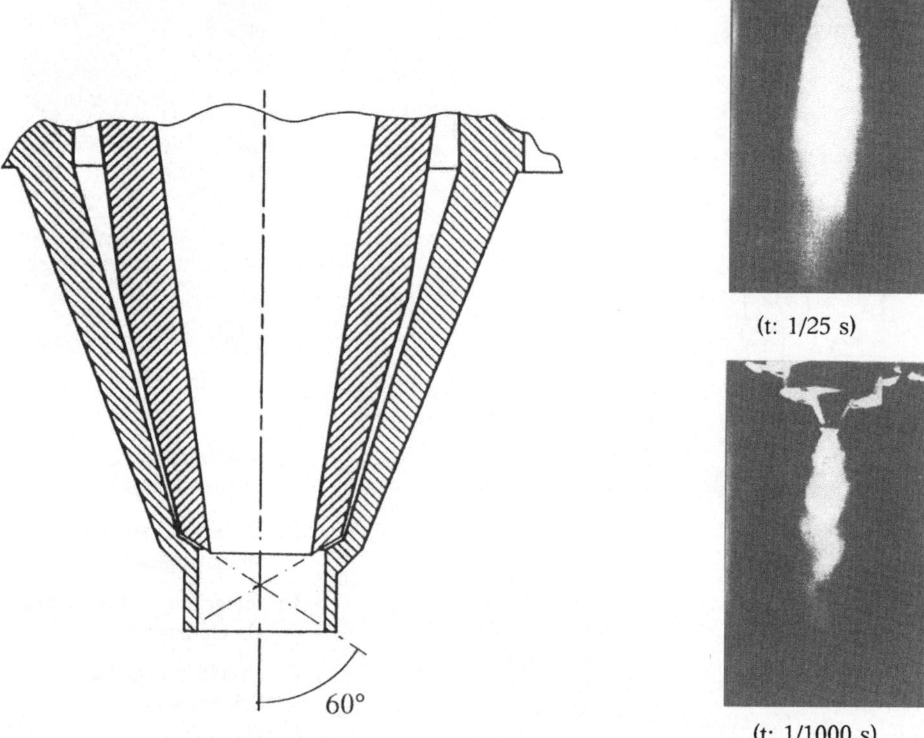


Bild 5.17:     Endgültige Mündungsgeometrie der zu den Schweißuntersuchungen eingesetzten Prozeßgasdüse. Rauchgasbilder von Schweißgas-Freistrahlen mit 1500 Nl/h und unterschiedlichen Belichtungszeiten.

Speziell bei Prozeßgasdüsen für das Laserstrahlschweißen sollten vorteilhafterweise Einrichtungen zum Schutz der optischen Komponenten des Bearbeitungswerkzeuges vorgesehen werden, da das Prozeßgas nur mit geringem Impuls die Austrittsöffnung der Düse verläßt und in der Regel keinen ausreichenden Schutz gegen das Eindringen von Schweißspritzern bietet. Die einzusetzende Schweißgasdüse sollte daher einen "Gasvorhang" quer zur Laserstrahlachse erzeugen, welcher die geforderte Schutzwirkung übernimmt.

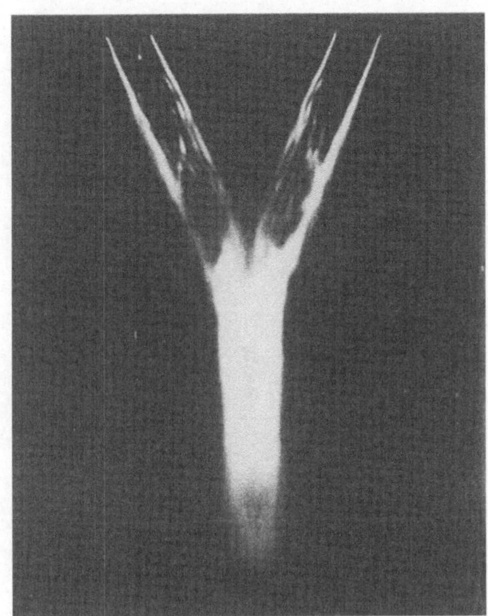

Bild 5.18:    Strömungsfeld der zum Laserstrahlschneiden verwendeten Zweistrahl-Laval-Düse. Kesseldruck 1,5 MPa (Schlierenbild).

Bild 5.16 zeigt eine Prozeßgasdüse, welche zur Durchführung der anstehenden Schweißaufgaben entwickelt wurde und die erläuterten Anforderungen erfüllt. Aus der ringförmigen Druckkammer (4) tritt der Schweißgasstrom durch einen Ringspalt (5) in Richtung Schweißzone aus. Das Rauchgasbild dieser Düse zeigt einen relativ eng gebündelten Gasstrahl. Bei Schweißversuchen erwies sich dieser Gasstrahl als zu scharf, da die Blaswirkung in das Schmelzbad unruhige Nahtoberraupen verursachte.

Weiterentwicklungen des Mündungsbereiches der Prozeßgasdüse führten zu der in Bild 5.17 gezeigten Mündungsgeometrie. Die Rauchgasbilder dieser Düse zeigen eine deutlich breitere Fächerung des Gasstrahles. Mit dieser Düse ließen sich bei Schweißversuchen mit den Gasen Helium und Argon gleichermaßen gute Nahtoberraupenqualitäten erzeugen.

Alle im Rahmen dieser Arbeit vorgestellten Schweißuntersuchungen wurden mit Prozeßgasdüsen der in Bild 5.17 gezeigten Mündungsgeometrie durchgeführt. Die Abstände zwischen der Unterkante der Prozeßgasdüse und der Werkstückoberfläche waren von der Fokuslage abhängig und betrugen im Mittel 10 mm bei Fokussierung mit F = 4 und 16,5 mm mit F = 8.

Zur Durchführung von Laserstrahlschneidarbeiten, die im Rahmen der Untersuchungen bei der Stoßkantenerzeugung zum anschließenden Stumpfschweißen auftraten, wurde eine Zweistrahl-Laval-Düse eingesetzt [5.10]. Eine Schlierenaufnahme des von dieser Düse erzeugten Strömungsfeldes zeigt Bild 5.18. Ab dem Vereinigungspunkt der beiden Überschall-Teilgasstrahlen liegt ein dem Laserstrahl konzentrischer, weitgehend rotationssymmetrisch wirkender Gasstrahl vor. Die bereits erprobte Düse [5.11] ist für einen Kesseldruck von 1,5 MPa ausgelegt.

# 6 Gerät zur Steuerung der Polarisationsrichtung

## 6.1 Konzept des Linearpolarisations-Orientierers

Das Konzept des entwickelten Gerätes zur Steuerung der Polarisationsrichtung ist aus
Bild 6.1 ersichtlich, welches schematisch die Installation des Gerätes an einer roboter-
geführten Laseranlage zeigt. Entsprechend seines Einsatzzwecks wird dieses Gerät als
Linearpolarisations-Orientierer oder LIPOR bezeichnet.

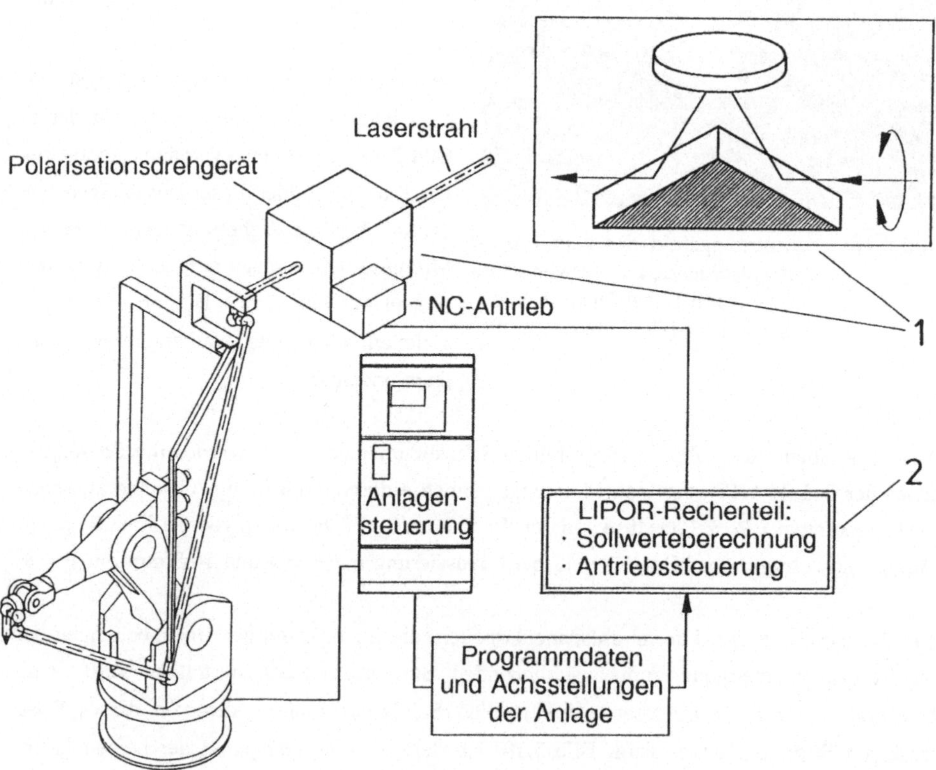



Bild 6.1:     Installation des Linearpolarisations-Orientierers (LIPOR) an einer Laseranlage.
(1): Mechanisch-optischer Geräteteil zur Polarisationsdrehung. (2): Rechenteil
zur Ermittlung und Steuerung der Drehbewegung.

Das Gerät besteht aus zwei Hauptteilen: Einem motorgetriebenen mechanisch-optischen Geräteteil zur Drehung der Polarisationsorientierung im Laserstrahl (Einzelheit Nr. 1 in Bild 6.1) und einem Rechenteil zur Ermittlung der NC-Drehbewegung (Nr. 2).

Beide Geräteteile bilden zusammen eine geschlossene Einheit, welche an jeder Laseranlage mit mathematisch eindeutiger Strahlführungskinematik einsetzbar ist. Der kompakte Aufbau des mechanisch-optischen Geräteteiles sowie seine Eigenschaft, die Lage des aus ihm ausfallenden Strahles identisch dem einfallenden zu belassen, ermöglicht seinen - auch nachträglichen - Einbau an beliebiger Stelle der Anlagenstrahlführung. Der Rechenteil des Gerätes ist über Signal- und Datenleitungen an die Anlagensteuerung angeschlossen. Die Software des Rechenteiles ist anlagenspezifisch.

Die Eigenschaften der beiden Hauptteile des Linearpolarisations-Orientierers sind in den nachfolgenden Kapiteln beschrieben.


## 6.2   Mechanisch-optischer Geräteteil zur Polarisationsdrehung

### 6.2.1   Funktionsprinzip

Das grundsätzliche Funktionsprinzip eines Polarisationsdrehgerätes entspricht dem eines Strahldrehgerätes [3.25]. Beabsichtigter Effekt ist die Drehung der Polarisationsebene um die Strahlachse, ohne die Lage der Strahlachse dabei zu beeinflussen. Der Effekt wird erzielt durch den Einsatz von drehbaren Spiegeloptiken, in denen eine ungeradzahlige Anzahl von Spiegeln zum Einsatz kommen. Die Spiegel sind in einer festen Anordnung derart zueinander ausgerichtet, daß die in das Gerät einfallende Strahlung mit der ausfallenden fluchtet. Hierzu sind mindestens drei Spiegel notwendig. Die Spiegelanordnung wird um die Achse der ein- und ausfallenden Strahlung gedreht [6.1]. In Bild 6.2 sind beispielhaft drei unterschiedliche Spiegelanordnungen dargestellt, die bei einer Drehung der Anordnung auch eine Drehung der Polarisationsebene des ausfallenden Strahls verursachen. Variante (A) ist zum Einbau an einer beliebigen Stelle der Anlagenstrahlführung geeignet, da sie keine Fokussierung des Strahls verursacht. Die Varianten (B) und (C) sind zum Einsatz an der Werkzeugspitze einer Laseranlage konzipiert. Daher wird in ihnen als einer der zur Polarisationsdrehung notwendigen Spiegel ein Fokussierspiegel verwandt.

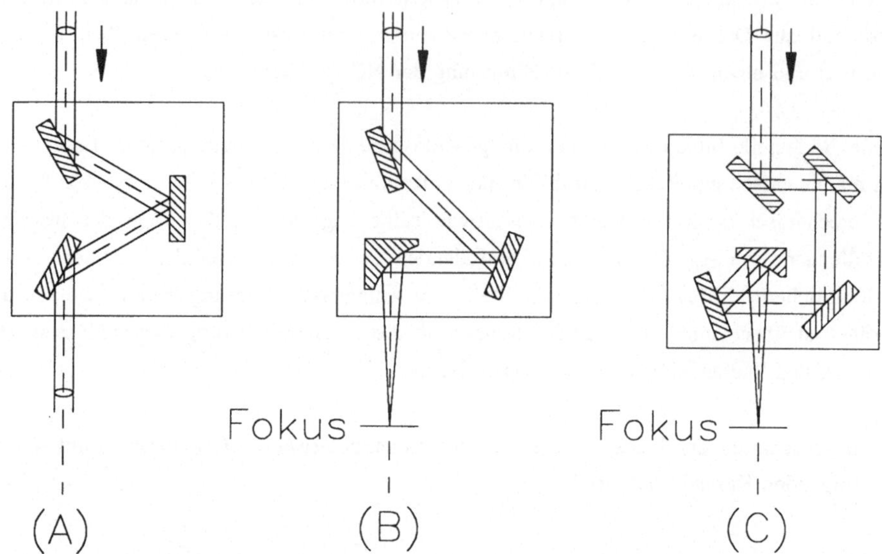


Bild 6.2:     Unterschiedliche Varianten der Spiegelanordnung in Polarisationsdrehgeräten. Variante ohne Strahlfokussierung (A), Varianten mit 90°- und mit 45°-off-axis-Strahlfokussierung (B und C).

Zur Erläuterung der grundsätzlichen Gesetzmäßigkeiten der verursachten Polarisationsdrehung dient Bild 6.3. Darin ist ein Polarisationsdrehgerät so dargestellt, daß die Achse der ein- und ausfallenden Strahlung senkrecht zur Zeichenebene steht. $\underline{P}_{ein}$ und $\underline{P}_{aus}$ stellen die Polarisationsvektoren der in das Gerät ein- bzw. ausfallenden Polarisation dar. Wird das Polarisationsdrehgerät um den Winkel $\varphi_{Gerät}$ zur Richtung der einfallenden Polarisation $\underline{P}_{ein}$ gedreht, so verdreht sich aufgrund der Abbildungseigenschaften des Polarisationsdrehgerätes die Richtung der ausfallenden Polarisation $\underline{P}_{aus}$ um den doppelt so großen Winkel $\varphi_{Pol.}$ zu $\underline{P}_{ein}$ [3.25].

Die Gesetzmäßigkeit der Winkelverdoppelung trifft im Fall einer rein geometrischen Abbildung der Polarisationsebene exakt zu, analog zum Fall der Abbildung eines Gegenstandes in sein Bild. Eine rein geometrische Abbildung der Polarisationsebene tritt jedoch nur bei Annahme isotroper Spiegeleigenschaften ein. Tatsächlich besitzen die Spiegelmaterialien jedoch davon abweichende Eigenschaften, wie unterschiedliche Reflexionsgrade für die parallel bzw. senkrecht zur Einfallsebene polarisierten Strahlanteile oder phasendrehende Eigenschaften, welche zu weiteren Polarisationsdreheffekten führen, die dem geschilderten überlagert sind. Diese Effekte werden in den Kapiteln 6.3.4.3 und 6.3.4.4 erläutert.

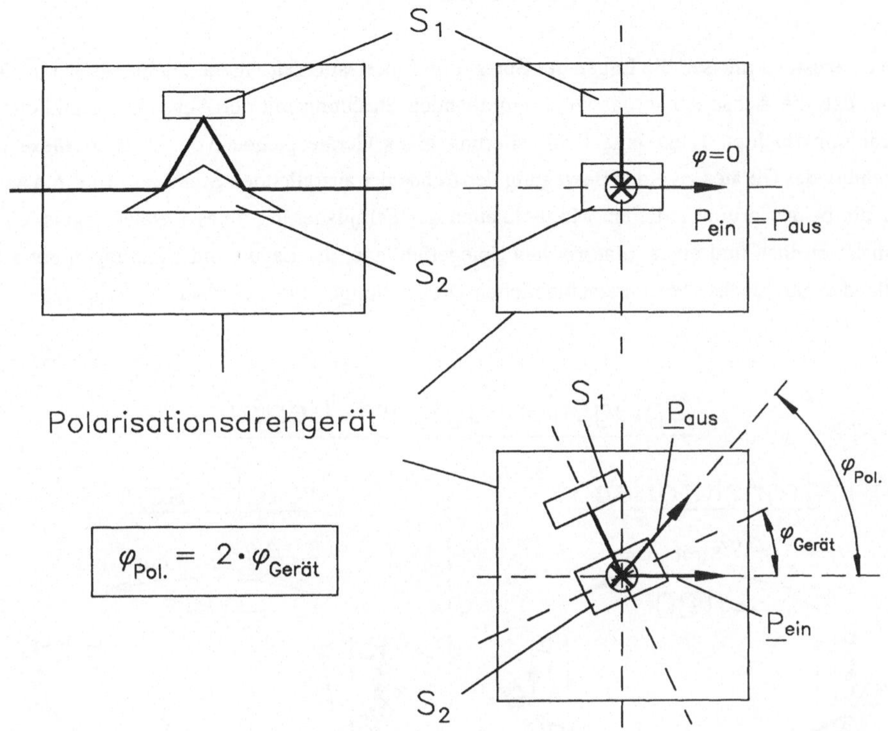


Bild 6.3:      Bei Drehung des Polarisationsdrehgerätes um $\varphi_{Gerät}$ dreht sich $\underline{P}_{aus}$ gegenüber $\underline{P}_{ein}$ stets um den doppelt so großen Winkel $\varphi_{Pol.}$ .

## 6.2.2      Justierung

Die Justierumfänge im Zusammenhang mit dem mechanisch-optischen Geräteteil zur Polarisationsdrehung beziehen sich auf eine korrekte Justierung des Gerätes selbst sowie eine korrekte Einbaulage des Gerätes in die Strahlführung der Laseranlage. Bei der Justierung des Gerätes selbst, welche in Kapitel 6.2.2.1 beschrieben ist, sind mögliche Dejustierungen der im Gerät eingebauten Spiegel zu überprüfen. Beim Einbau des Gerätes in die Laseranlage sind mögliche Dejustierungen der Einbaulage gegenüber der in das Gerät einfallenden Strahlachse zu überprüfen. Diese sind in Kapitel 6.2.2.2 erläutert. Im daran anschliessenden Kapitel 6.2.2.3 wird auf den allgemeinen Justierfall eingegangen, in welchem beide Arten einer Dejustierung gleichzeitig zu beheben sind.

### 6.2.2.1          Justierung des Gerätes

Im Sollzustand müssen die Lagen der Spiegel im Polarisationsdrehgerät zueinander so justiert sein, daß die Achse der in das Gerät einfallenden Strahlung mit der Achse der ausfallenden Strahlung fluchtet. Liegt eine Fehljustierung eines Gerätespiegels vor, so führt diese bei Drehung des Gerätes zu einer Bewegung der Achse der ausfallenden Strahlung. Bild 6.4 zeigt für die beiden grundsätzlichen Möglichkeiten der Fehljustierung eines Gerätespiegels, einer translatorischen und einer rotatorischen Spiegelfehllage, die Lagen und Richtungen der ausfallenden Strahlachse bei unterschiedlichen Drehstellungen des Polarisationsdrehgerätes.

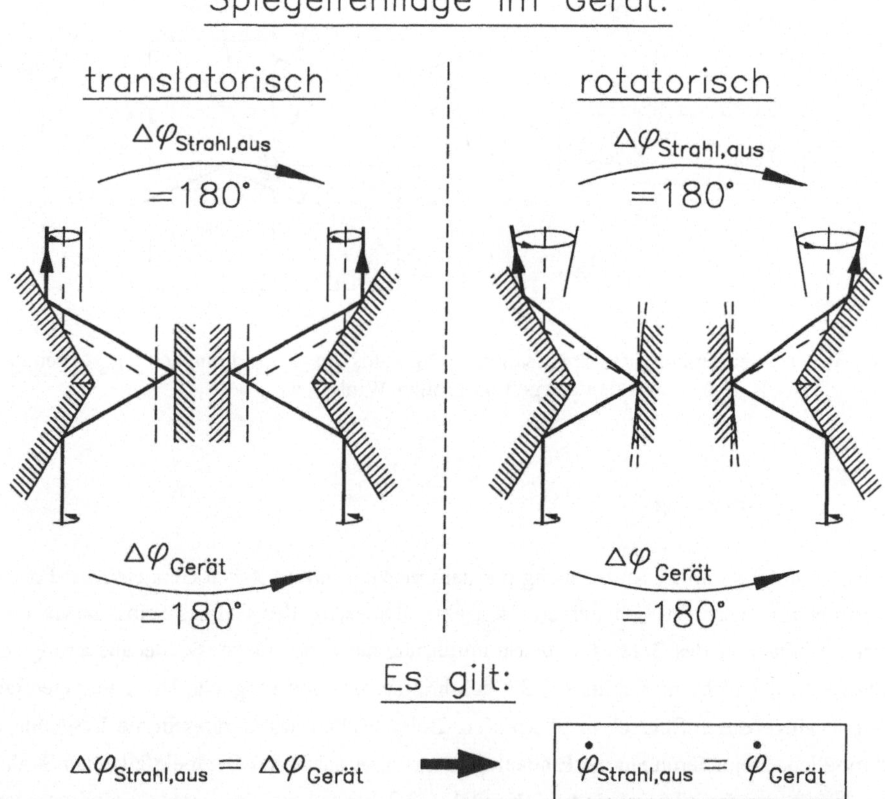


Bild 6.4:     Bewegung der ausfallenden Strahlachse mit $\dot{\varphi}_{Strahl,\,aus}$ entlang eines Zylinder- oder Kegelmantels bei Drehung des Gerätes mit $\dot{\varphi}_{Gerät}$ sowie Spiegelfehllagen im Gerät.

Im Falle rein translatorischer Spiegelfehllagen im Gerät (Parallelversatz von Spiegeln) bewegt sich die Achse des ausfallenden Strahles entlang eines Zylindermantels. Beim Vorhandensein von Anteilen einer rotatorischen Spiegelfehllage im Gerät (Kippung von Spiegeln) bewegt sich der ausfallende Strahl entlang eines Kegelmantels.

Ein aus Bild 6.4 ersichtliches Charakteristikum für Fehljustierungen von Spiegeln im Polarisationsdrehgerät sind die bei Drehbewegungen des Polarisationsdrehgerätes entstehenden Rotationsbewegungen der ausfallenden Strahlachse entlang eines Zylinder- oder Kegelmantels mit der gleichen Winkelgeschwindigkeit $\dot\phi$, mit welcher auch das Polarisationsdrehgerät selbst rotiert ($\dot\phi_{Strahl,\ aus} = \dot\phi_{Gerät}$).

### 6.2.2.2　　　　　Justierung der einfallenden Strahlachse

Eine korrekte Justierung der in das Polarisationsdrehgerät einfallenden Strahlachse ist notwendige Voraussetzung für eine konstante, von Drehbewegungen des Gerätes unabhängige Lage und Richtung der ausfallenden Strahlachse. Bild 6.5 zeigt für die beiden grundsätzlichen Möglichkeiten einer Fehljustierung der einfallenden Strahlachse, einem Lagefehler und einem Richtungsfehler der Achse, die Lagen und Richtungen der ausfallenden Strahlachse bei unterschiedlichen Drehstellungen des Polarisationsdrehgerätes.

Im Falle eines reinen Lagefehlers der einfallenden Strahlachse (Parallelversatz) bewegt sich die Achse des ausfallenden Strahles entlang eines Zylindermantels. Beim Vorhandensein von Anteilen eines Richtungsfehlers der einfallenden Strahlachse (Winkelfehler) bewegt sich der ausfallende Strahl entlang eines Kegelmantels.

Bild 6.5 zeigt das Charakteristikum für vorhandene Fehljustierungen der einfallenden Strahlachse, welches auch als Unterscheidungsmerkmal gegenüber Justierfehlern von Spiegeln im Polarisationsdrehgerät (Kapitel 6.2.2.1) herangezogen werden kann. Es ist die bei Drehungen des Polarisationsdrehgerätes entstehende Rotationsbewegung der ausfallenden Strahlachse entlang eines Zylinder- oder Kegelmantels mit einer im Vergleich zur Winkelgeschwindigkeit $\dot\phi_{Gerät}$ des Polarisationsdrehgerätes doppelt so hohen Geschwindigkeit ($\dot\phi_{Strahl,\ aus} = 2*\dot\phi_{Gerät}$).

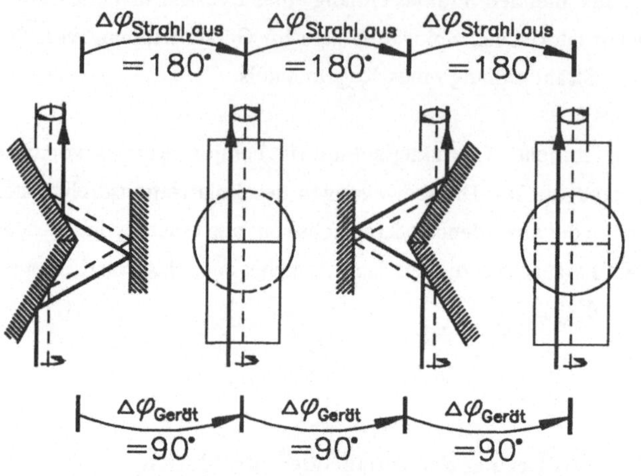



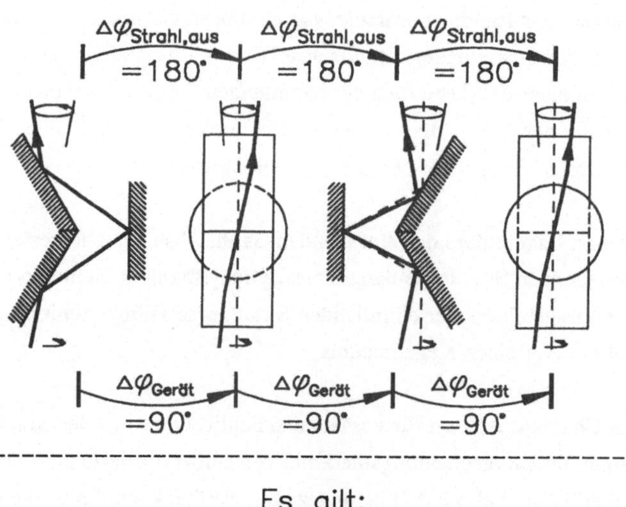



### Es gilt:

$$\Delta\varphi_{Strahl,aus} = 2 \cdot \Delta\varphi_{Gerät} \quad \Longrightarrow \quad \boxed{\dot\varphi_{Strahl,aus} = 2 \cdot \dot\varphi_{Gerät}}$$

Bild 6.5:   Bewegung der ausfallenden Strahlachse mit $\dot\varphi_{Strahl,\,aus}$ entlang eines Zylinder- bzw. Kegelmantels bei Drehung des Gerätes mit $\dot\varphi_{Gerät}$ sowie Lage- bzw. Richtungsfehlern der einfallenden Strahlachse.

### 6.2.2.3        Allgemeiner Justierfall

Im allgemeinen Justierfall ist mit dem gleichzeitigen Vorhandensein sowohl von Fehljustierungen der Spiegel des Polarisationsdrehgerätes (Kapitel 6.2.2.1), als auch der in das Gerät
einfallenden Strahlachse (Kapitel 6.2.2.2) zu rechnen. Lage und Richtung der aus dem
Polarisationsdrehgerät ausfallenden Strahlachse werden also beeinflußt durch eine Überlagerung beider Einzelfehler.

Dennoch kann aus der Bewegung der ausfallenden Strahlachse in eindeutiger Weise sowohl
auf den Justierfehler der Spiegel des Polarisationsdrehgerätes, als auch der in das Gerät
einfallenden Strahlachse geschlossen werden. Die Entflechtung der Anteile beider Justierfehler ist möglich aufgrund der unterschiedlichen Winkelgeschwindigkeiten der durch die
jeweiligen Fehler verursachten Bewegungsanteile der ausfallenden Strahlachse.

Wird das Polarisationsdrehgerät mit der Winkelgeschwindigkeit $\dot{\varphi}$ gedreht, so verursachen -
wie in den vorangegangenen Kapiteln geschildert - Justierfehler der Spiegel im Polarisationsdrehgerät Rotationsbewegungsanteile der ausfallenden Strahlachse mit der gleichen Winkelgeschwindigkeit $\dot{\varphi}$, Justierfehler der einfallenden Strahlachse Bewegungsanteile mit $2\dot{\varphi}$. Die
Überlagerung beider Bewegungsanteile ergibt daher für den Auftreffpunkt der aus dem Gerät
ausfallenden Strahlachse in einer beliebigen Beobachtungsebene hinter dem Polarisationsdrehgerät eine Bewegung in Form einer Pascalschen Schnecke.

Die Gleichung der Pascalschen Schnecke lautet in Parameterform:

$$x = SF * \cos 2\varphi + GF * \cos \varphi \tag{6.1}$$

$$y = SF * \sin 2\varphi + GF * \sin \varphi \tag{6.2}$$

Darin bedeuten $x$ und $y$ die Koordinatenrichtungen in der Beobachtungsebene, $SF$ den Anteil
des Justierfehlers der in das Polarisationsdrehgerät einfallenden Strahlachse, $GF$ den Anteil
des Justierfehlers der Spiegel im Polarisationsdrehgerät und $\varphi$ den Drehwinkel des Polarisationsdrehgerätes. Bei alleinigem Vorhandensein nur eines Fehleranteils wären $SF$ bzw. $GF$
die Durchmesser der bei einer Umdrehung des Polarisationsdrehgerätes in der Beobachtungsebene entstehenden Doppel- bzw. Einfachkreise.

Bild 6.6 zeigt exemplarisch einige der in einer Beobachtungsebene hinter dem Polarisationsdrehgerät während einer Geräteumdrehung (360°) möglichen Bewegungen des Auftreff-
punktes der ausfallenden Strahlachse. Die sich einstellende Form der Pascalschen Schnecke
ist abhängig von dem in der Beobachtungsebene herrschenden Größenverhältnis zwischen den

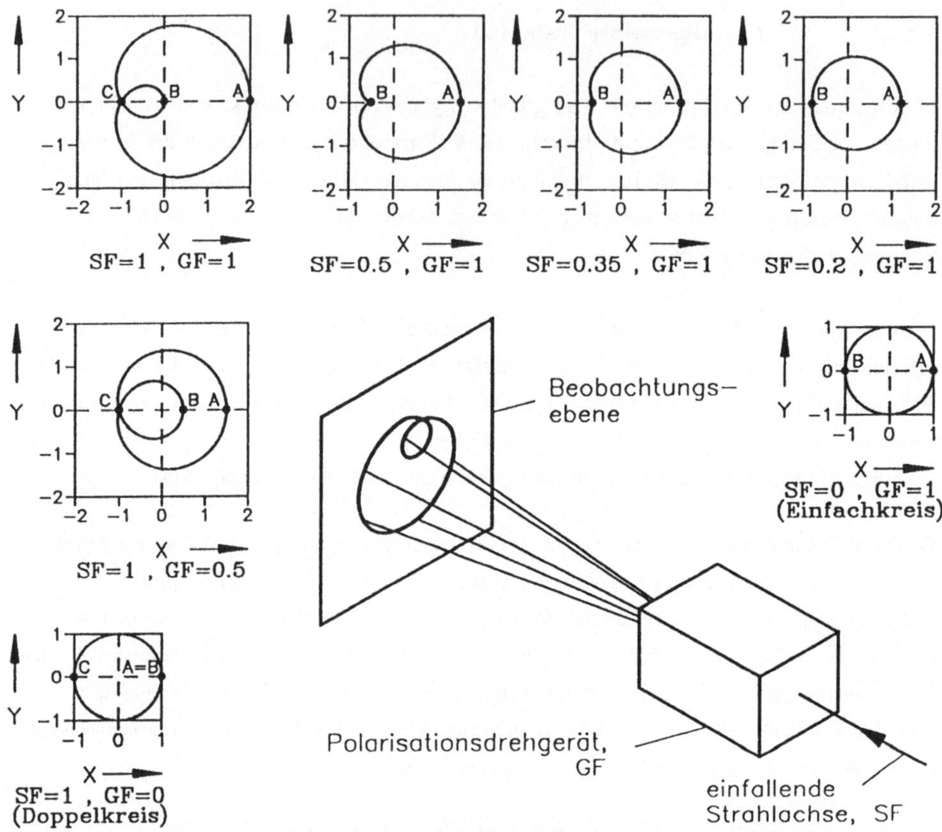



**Bild 6.6:** In Beobachtungsebenen hinter dem Polarisationsdrehgerät entstehende Formen Pascalscher Schnecken in Abhängigkeit von Justierfehlern des Gerätes (GF) und der einfallenden Strahlachse (SF).

Fehleranteilen *SF* und *GF*. Dieses Größenverhältnis hängt von der Entfernung der Beobachtungsebene zum Polarisationsdrehgerät dann ab, wenn die Einzelfehler *SF* oder *GF* auch einen Richtungsfehler der ausfallenden Strahlachse verursachen.

Alle entstehenden Formen der Pascalschen Schnecke besitzen eine Symmetrieachse, die Gerade $y = 0$. Für Größenverhältnisse zwischen *SF* und *GF* im Bereich $SF \leq GF/2$ bestehen zwei Schnittpunkte der Figur mit ihrer Symmetrieachse, im Bereich $SF > GF/2$ besteht noch ein dritter Schnittpunkt. Diese Punkte sind in Bild 6.6 als *A*, *B* und *C* bezeichnet.

Der Gerätefehler *GF* des Polarisationsdrehgerätes ist stets direkt aus der entstehenden Pascalschen Schnecke ablesbar. Er beträgt die Hälfte des Abstandes zwischen *A* und *B*. Falls ein Punkt $C$ existiert, ist auch der Strahlachsenfehler $SF$ des in das Polarisationsdrehgerät einfallenden Strahles direkt ablesbar. Er kann dann aus dem Abstand zwischen $A$ und $C$ ermittelt werden, welcher *(2 SF + GF)* beträgt. Für Figuren ohne die Existenz eines Punktes $C$ kann die Größenordnung von $SF$ in Relation zu $GF$ annähernd durch einen Vergleich mit den Beispielfiguren aus Bild 6.6 ermittelt werden.

Bei vollständiger Beseitigung aller Justierfehler, also *SF = 0* und *GF = 0*, wäre der Auftreffpunkt der ausfallenden Strahlachse in der Beobachtungsebene stillstehend *(x = 0 ; y = 0)*.

Durch die Aufzeichnung und Auswertung der Formen Pascalscher Schnecken, die in unterschiedlich weit zum Polarisationsdrehgerät entfernten Beobachtungsebenen entstehen, ist somit die Möglichkeit gegeben, sowohl die translatorischen und rotatorischen Spiegelfehllagen im Gerät als auch die Lage- und Richtungsfehler der in das Gerät einfallenden Strahlachse zu erkennen und zu beseitigen. In Kapitel 6.4 sind die Ergebnisse der Justierung des Polarisationsdrehgerätes geschildert, welches in die untersuchte robotergeführte Laseranlage eingebaut wurde.

## 6.3    Berechnung der erforderlichen Gerätedrehung

### 6.3.1        Umfang und Ablauf der Berechnung

Die Berechnung der für eine gezielte Polarisationssteuerung erforderlichen Drehbewegung des mechanisch-optischen Polarisationsdrehgerätes gliedert sich in eine Reihe von Berechnungsteilschritten, deren Reihenfolge in Bild 6.7 dargestellt ist.

Die Berechnung benötigt als Eingangsgrößen eine Reihe von Informationen. Grundlegende Informationen betreffen die kinematischen Eigenschaften der Laseranlage einschließlich ihrer Strahlführung, die optischen Eigenschaften der darin verwendeten Strahlführungsspiegel sowie die - auch vom angeschlossenen Lasergerät abhängige - Orientierung der Polarisation am Eintrittsort in die Laseranlage. Weiterhin sind Informationen notwendig über die aktuellen Stellungen von Werkzeugspitze und Strahlführungsspiegeln der Laseranlage, die aktuelle Bewegungsrichtung der Werkzeugspitze sowie über die an der Werkzeugspitze gewünschte, vom Benutzer vorzugebende Polarisationsrichtung relativ zur Bearbeitungsrichtung.

Können von der Anlagensteuerung nicht alle notwendigen Eingangsgrößen über die aktuelle Stellung und Bewegung der Laseranlage direkt zugänglich gemacht werden, so wird deren Berechnung in einem vorgelagerten, in Bild 6.7 mit (V) bezeichneten Schritt notwendig. Die weiteren Ausführungen dieses Kapitels schildern die Berechnung der in (V) aufgeführten Größen.

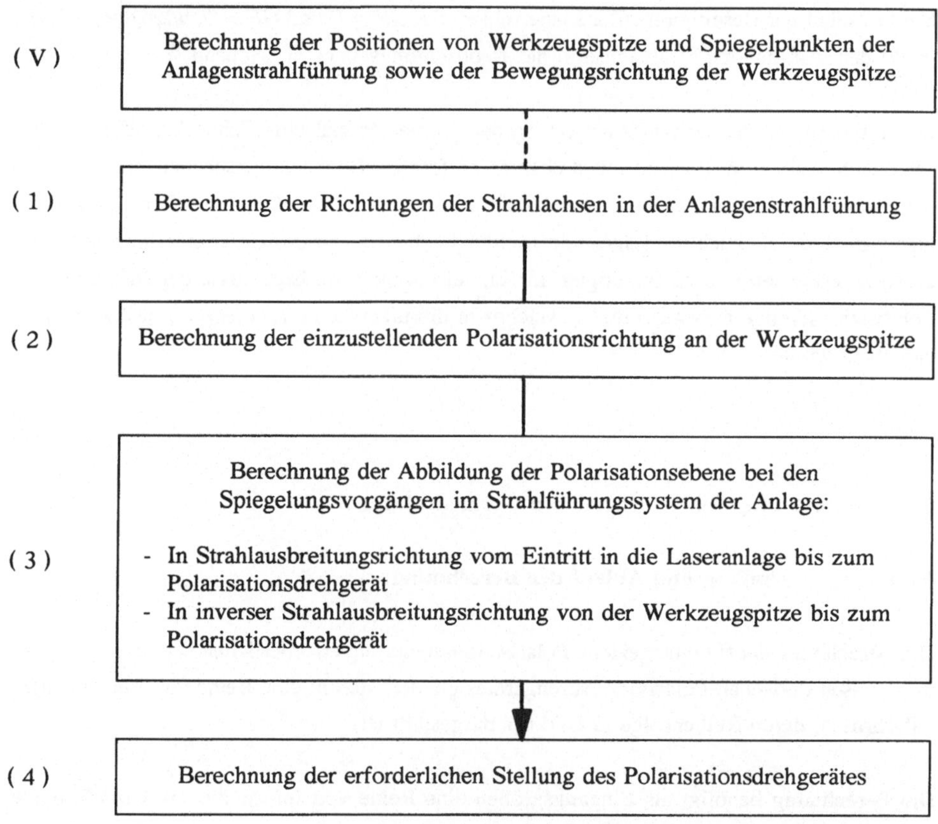


Bild 6.7:     Ablauf einer Berechnung der erforderlichen Stellung des Polarisationsdrehgerätes. Die Berechnung gliedert sich in vier Teilschritte. Der Umfang der vorgelagerten Berechnungen (V) ist abhängig von den vorhandenen Zugriffsmöglichkeiten zur Laseranlagensteuerung.

Bild 6.8 zeigt anhand einer typischen Laseranlage diejenigen Punkte einer Anlage, deren Momentanpositionen notwendige Eingangsgrößen der Berechnung sind. Während der Eintrittsort des Strahls in die Laseranlage - in Bild 6.8 als $SP_0$ bezeichnet - in der Regel

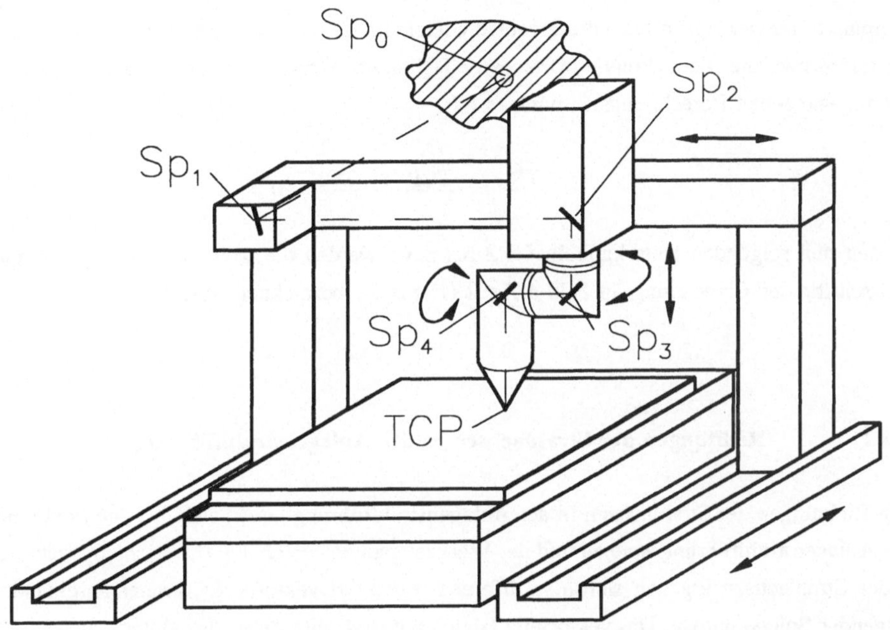


Bild 6.8:     Punkte einer Laseranlage, deren Momentanpositionen notwendige Eingangs-
              größen bei der Ermittlung der erforderlichen Sollstellung des Polarisations-
              drehgerätes sind.

unbewegt ist, sind die Positionen der Spiegelpunkte $SP_1$ bis $SP_n$ und der Werkzeugspitze
TCP während einer Bewegung der Laseranlage meist veränderlich.

Durch einen Zugriff auf die Inkrementalgeber der Anlagenachsen kann, mittels Berechnung
der Vorwärtskinematik der Anlage, die aktuelle Momentanposition der Werkzeugspitze TCP
ermittelt werden. Durch diese Berechnung werden bei Anlagentypen mit aktiven Strahlführungssystemen, z.B. der in Bild 6.8 gezeigten 5-Achsen-Portalanlage, gleichzeitig die
Momentanpositionen der Spiegelpunkte $SP_1$ bis $SP_n$ der Anlagenstrahlführung ermittelt.

Bei Anlagentypen mit passiven Strahlführungssystemen, wie z.B. der in dieser Arbeit zur
Materialbearbeitung eingesetzten und in den Bildern 3.8 und 5.3 dargestellten Roboteranlage,
müssen die Positionen der Spiegelpunkte $SP_1$ bis $SP_n$ der Anlagenstrahlführung durch Lösen
der inversen Strahlführungskinematik aus der Stellung der Werkzeugspitze berechnet werden.

Ist eine Berechnung der Trajektorie $\underline{TR}_{(i)}$ der Werkzeugspitze zum aktuellen Berechnungszeitpunkt *i* notwendig, so kann diese gemäß Gleichung *(6.3)* in Näherung ermittelt werden als Differenz zwischen dem aktuellen Ortsvektor $\underline{TCP}_{(i)}$ der Werkzeugspitze und demjenigen des vorangegangenen Berechnungszeitpunktes *i-1*:

$$\underline{TR}_{(i)} \approx \underline{TCP}_{(i)} - \underline{TCP}_{(i-1)} \qquad (6.3)$$

In den nun folgenden Unterkapiteln 6.3.2 bis 6.3.5 werden die weiteren durchzuführenden Teilschritte der Berechnung, in Bild 6.7 mit (1) bis (4) bezeichnet, näher erläutert.

## 6.3.2    Richtungen der Strahlachsen in der Anlagenstrahlführung

Die Richtungen der Strahlachsen in der Anlagenstrahlführung lassen sich aus den Positionen der Anlagenstrahlführungsspiegel und der Werkzeugspitze berechnen. Die Richtungsvektoren $\underline{S}$ der Strahlachsen ergeben sich als Differenzen der Ortsvektoren $\underline{SP}$ zweier aufeinanderfolgender Spiegelpunkte. Die vektorielle Gleichung *(6.4)* gibt diese Beziehung wieder:

$$\underline{S}_k = \underline{SP}_k - \underline{SP}_{k-1} \qquad (6.4)$$
$$\text{mit:} \quad k \in [1, .. ,n+1] \quad (n : \text{Anzahl Strahlführungsspiegel}) \quad .$$

Besitzt eine Laseranlage *n* Strahlführungsspiegel, so ergeben sich *n+1* Strahlachsen im Strahlführungssystem der Anlage. Gleichung *(6.4)* läßt sich als Formalismus für die gesamte Strahlführung der Laseranlage verwenden. Dazu ist der Eintrittsort des Strahls in die Laseranlage zweckmäßigerweise als Spiegelpunkt $SP_0$ zu betrachten und die Werkzeugspitze TCP als Spiegelpunkt $SP_{n+1}$. Bild 6.9 gibt die Aussage von Gleichung *(6.4)* bildlich wieder.

Beim Einbau des Polarisationsdrehgerätes in das Strahlführungssystem einer Laseranlage ergeben sich keine Veränderungen der gemäß Gleichung *(6.4)* ermittelten Strahlachsenrichtungen in der Anlage, da bei einem Polarisationsdrehgerät die in das Gerät einfallende Strahlachse identisch mit der ausfallenden ist.

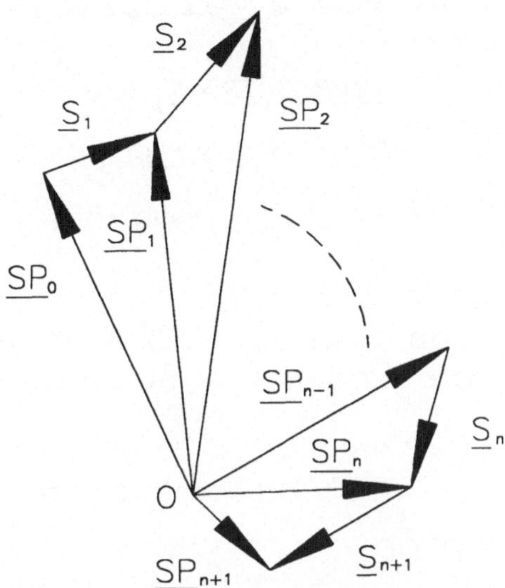


Bild 6.9:     Ermittlung der Strahlachsenrichtungsvektoren $\underline{S}$ als Verbindungsvektoren zwischen den Ortsvektoren $\underline{SP}$ der Spiegelpunkte in der Anlagenstrahlführung.

### 6.3.3     Einzustellende Polarisationsrichtung an der Werkzeugspitze

Zur Ermittlung der an der Werkzeugspitze einzustellenden Polarisationsrichtung ist es seitens des Gerätebenutzers notwendig, den dort gewünschten Orientierungswinkel $\gamma$ zwischen der Polarisationsrichtung und der Bearbeitungsrichtung, also der Trajektorie $\underline{TR}$, anzugeben.

Der Polarisationsvektor steht, entsprechend den Erläuterungen in Kapitel 2.3, stets senkrecht zur Strahlausbreitungsrichtung. Der Polarisationsvektor an der Werkzeugspitze steht also senkrecht zur Strahlachse $\underline{S}_{n+1}$. Bei Trajektorien der Werkzeugspitze, die nicht senkrecht zur Strahlachse $\underline{S}_{n+1}$ stehen - also stechend oder schleppend ausgeführten Bewegungen -, bedeutet dies gleichzeitig, daß bei einer Polarisationsrichtung "parallel" zur Trajektorie $\underline{TR}$ der Polarisationsvektor nicht mit der Trajektorie selbst zusammenfällt, sondern lediglich in die von $\underline{TR}$ und $\underline{S}_{n+1}$ gebildete Ebene fällt. Bild 6.10 zeigt beispielhaft die geometrischen Zusammenhänge im Fall einer stechenden Anstellung der Strahlachse $\underline{S}_{n+1}$ zur Bearbeitungsrichtung $\underline{TR}$. In der linken Bildhälfte ist die Lage von $\underline{PTCP}_P$ in der von $\underline{S}_{n+1}$ und $\underline{TR}$ gebildeten Ebene dargestellt, die rechte Bildhälfte zeigt die Lage von $\underline{PTCP}$ in Abhängigkeit vom Orientierungswinkel $\gamma$. Die Berechnung von $\underline{PTCP}_S$, $\underline{PTCP}_P$ und $\underline{PTCP}$ erfolgt gemäß der Gleichungen *(6.5)* bis *(6.7)*:

$$\underline{PTCP}_S = \underline{TR} \times \underline{S}_{n+1} \tag{6.5}$$

$$\underline{PTCP}_P = \underline{S}_{n+1} \times \underline{PTCP}_S \tag{6.6}$$

$$\underline{PTCP} = \cos\gamma * \underline{PTCP}_{P,norm.} + \sin\gamma * \underline{PTCP}_{S,norm.} \tag{6.7}$$

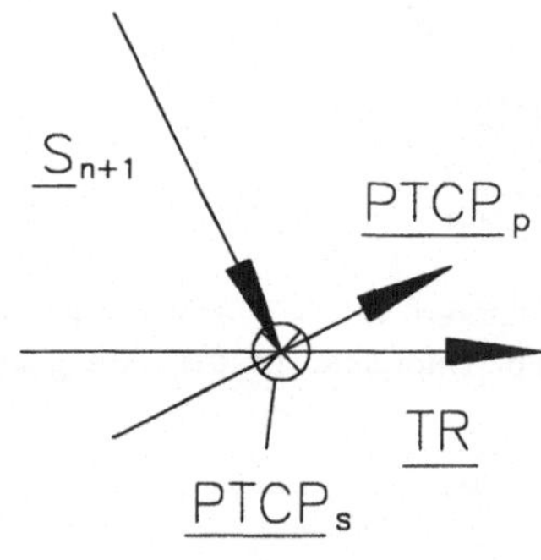


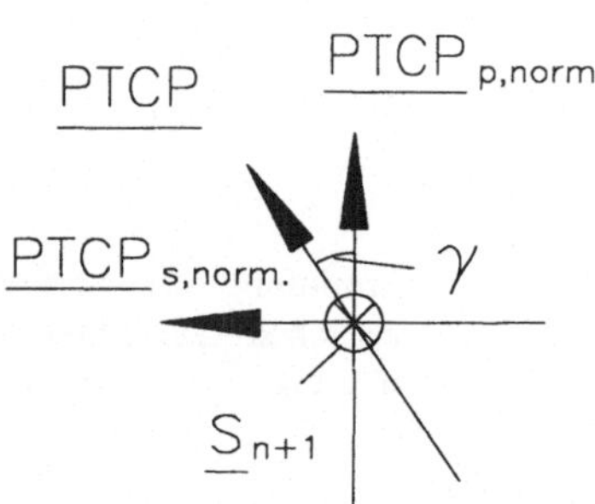


$\underline{PTCP}_S$ : Richtungsvektor einer senkrecht zur Bearbeitungsrichtung einzustellenden Polarisation.

$\underline{PTCP}_P$ : Richtungsvektor einer parallel zur Bearbeitungsrichtung einzustellenden Polarisation.

$\underline{PTCP}$  : Richtungsvektor der unter dem Orientierungswinkel $\gamma$ zur Bearbeitungsrichtung einzustellenden Polarisation

Bild 6.10:      Geometrische Zusammenhänge zwischen Strahlachse $\underline{S}_{n+1}$, Trajektorie $\underline{TR}$ und der an der Werkzeugspitze einzustellenden Polarisationsrichtung $\underline{PTCP}$ bei stechender Anstellung von $\underline{S}_{n+1}$ zu $\underline{TR}$.


## 6.3.4        Abbildung der Polarisationsebene bei Spiegelungsvorgängen

### 6.3.4.1              Berechnungsrichtung relativ zur Strahlausbreitungsrichtung

Zwei Vorgaben bestehen für die Berechnung der erforderlichen Stellung des Polarisationsdrehgerätes LIPOR. Die eine Vorgabe ist die Lage der Polarisationsebene am Eintrittsort $SP_0$

des Laserstrahls in die Laseranlage, welche durch außerhalb der Laseranlage liegende Faktoren bestimmt ist und als gegeben betrachtet wird. Die andere Vorgabe ist die gewünschte Lage der Polarisationsebene an der Werkzeugspitze TCP, die in dem vorangegangenen Berechnungsschritt ermittelt wurde.

Es bestehen eindeutige optische Gesetzmäßigkeiten für die Abbildung einer Polarisationsebene bei Spiegelungsvorgängen in der Strahlausbreitungsrichtung bzw. entgegen dieser. Somit können die Vorgaben für die Lagen der Polarisation an den Orten $SP_0$ und TCP umgerechnet werden in entsprechende Vorgaben für die Lagen der Polarisation am Strahleintrittsort LE und Strahlaustrittsort LA des LIPOR.

Die Lage einer Polarisationsebene kann vektoriell ausgedrückt werden durch die Lage des Richtungsvektors $\underline{S}$ der Strahlachse und des Richtungsvektors der elektrischen Feldstärke, also des Polarisationsvektors $\underline{P}$. Da die Richtungsvektoren $\underline{S}$ aller Strahlachsen im Strahlführungssystem bereits bekannt sind, siehe Kapitel 6.3.2, reduziert sich der benötigte Berechnungsumfang auf die Abbildungsvorgänge des Polarisationsvektors $\underline{P}$ im Strahlführungssystem der Laseranlage.

Die Umrechnung der Lage des Polarisationsvektors am Ort $SP_0$ in die entsprechende Lage am Ort LE erfolgt dabei nach den Gesetzmäßigkeiten für eine Abbildung in Strahlausbreitungs-richtung, die Umrechnung von TCP nach LA für eine Abbildung entgegen der Strahlaus-breitungsrichtung.

Je nach dem Einbauort des LIPOR in eine Laseranlage, können die Anzahlen der Strahlstrecken, welche an den optischen Verbindungen zwischen $SP_0$ und LE sowie zwischen TCP und LA beteiligt sind, variieren. Bild 6.11 zeigt dazu die Verhältnisse bei typischen Einbauorten für Polarisationsdrehgeräte.

Gerätebautypen ohne strahlfokussierende Elemente (siehe Bild 6.2, Variante A) können an beliebiger Stelle der Strahlführung eingebaut werden und sollten sich wegen des innerhalb der Laseranlage zur Verfügung stehenden Bauraums in der Nähe des Strahleintrittsortes $SP_0$ befinden, Bild 6.11 oben. In diesem Fall ist nur eine Berechnung der Abbildung des Polarisationsvektors vom Ort TCP entgegen der Strahlausbreitungsrichtung zum Ort LA notwendig. Gerätebautypen mit strahlfokussierenden Elementen (siehe Bild 6.2, Varianten B und C) werden an der Werkzeugspitze TCP eingebaut, Bild 6.11 unten. In diesem Fall erfolgt nur eine Berechnung der Abbildung des Polarisationsvektors vom Ort $SP_0$ in Strahlausbreitungsrichtung zum Ort LE.

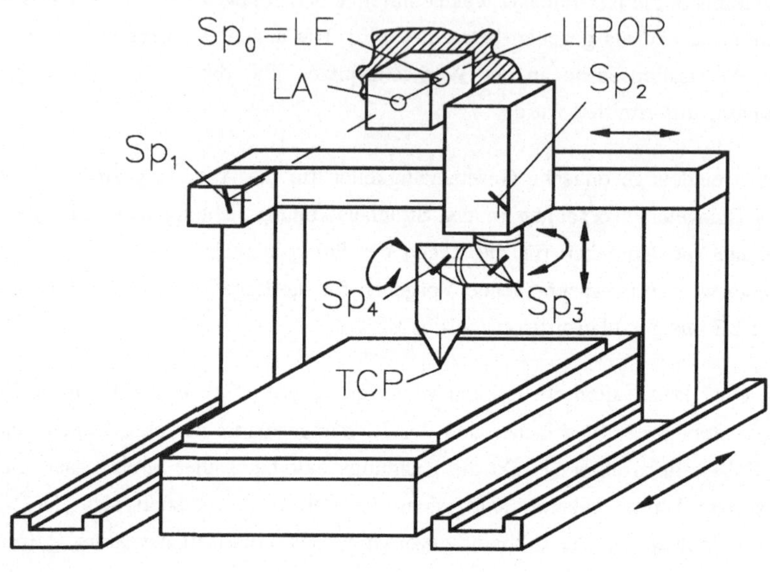


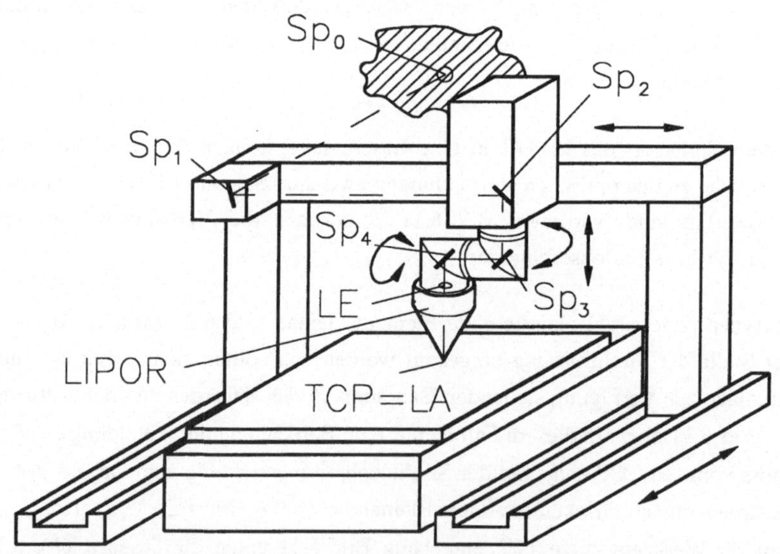


Bild 6.11:　Berechnungsrichtungen der Polarisationsabbildung, abhängig vom LIPOR-Einbauort. Oben: Rechnung entgegen Strahlausbreitungsrichtung von TCP bis LA. Unten: Rechnung in Strahlausbreitungsrichtung von $SP_0$ bis LE.

### 6.3.4.2          Geometrische Spiegelung

Die Gesetzmäßigkeiten einer geometrischen Spiegelung sind exakt diejenigen, welche in der Optik bei der Spiegelung eines Gegenstandes in sein Bild Gültigkeit haben. Im Falle der Spiegelung eines Polarisationsvektors gelten diese Gesetze nur dann korrekt, wenn für den verwendeten Spiegel isotrope optische Eigenschaften angenommen werden können. Reale Spiegelmaterialien verursachen aufgrund ihrer typischen optischen Eigenschaften, wie unterschiedlichen Reflexionsgraden für parallel bzw. senkrecht zur Einfallsebene polarisierte Strahlanteile sowie phasenverzögernden Eigenschaften, Abweichungen gegenüber einer rein geometrischen Spiegelung des Polarisationsvektors, auf die in den Kapiteln 6.3.4.3 und 6.3.4.4 eingegangen wird.

Bild 6.12 zeigt die Zusammenhänge, die bei der geometrischen Spiegelung eines Polarisationsvektors gelten.

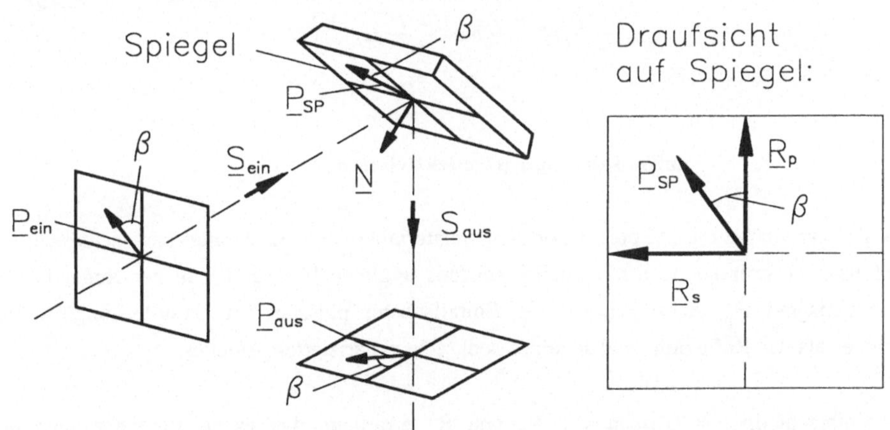


$\underline{S}_{ein}, \underline{S}_{aus}$ : Richtungsvektoren der einfallenden bzw. ausfallenden Strahlachsen
$\underline{P}_{ein}, \underline{P}_{aus}$ : Polarisationsvektoren des einfallenden bzw. ausfallenden Strahles
$\underline{P}_{SP}$ : Abbildung des einfallenden und des ausfallenden Polarisationsvektors auf der Spiegeloberfläche
$\underline{N}$ : Normalenvektor der Spiegeloberfläche
$\beta$ : Winkel des einfallenden und des ausfallenden Polarisationsvektors zur Einfallsebene
$\underline{R}_p, \underline{R}_s$ : Parallel bzw. senkrecht zur Einfallsebene orientierte Richtungsvektoren

Bild 6.12:     Zusammenhänge bei der geometrischen Spiegelung eines Polarisationsvektors.

Die Gesetzmäßigkeiten einer geometrischen Spiegelung sind für Abbildungsvorgänge des Polarisationsvektors in Strahlausbreitungsrichtung oder entgegen dieser identisch. Zur Ermittlung des Richtungsvektors $\underline{P}_{aus}$ der Polarisation im ausfallenden Strahl aus den gegebenen Richtungsvektoren $\underline{S}_{ein}$, $\underline{S}_{aus}$ und $\underline{P}_{ein}$ wird zunächst der Normalenvektor $\underline{N}$ der Spiegeloberfläche berechnet:

$$\underline{N} = -\underline{S}_{ein,norm.} + \underline{S}_{aus,norm.} \qquad (6.8)$$

Unter Verwendung des Normalenvektors $\underline{N}$ kann als nächster Schritt die Lage der Abbildung des Polarisationsvektors auf der Spiegeloberfläche $\underline{P}_{SP}$ errechnet werden. $\underline{P}_{SP}$ ergibt sich als Lösung des vektoriellen Gleichungssystems $(6.9)$:

$$\underline{N} * \underline{P}_{SP} = \underline{0}$$
$$(\underline{P}_{ein} \times \underline{S}_{ein}) * \underline{P}_{SP} = \underline{0} \qquad (6.9)$$

Aus $\underline{P}_{SP}$ und $\underline{S}_{aus}$ ergibt sich schließlich der gesuchte Polarisationsvektor $\underline{P}_{aus}$ des ausfallenden Strahles aus dem vektoriellen Gleichungssystem $(6.10)$:

$$\underline{S}_{aus} * \underline{P}_{aus} = \underline{0}$$
$$(\underline{P}_{SP} \times \underline{S}_{aus}) * \underline{P}_{aus} = \underline{0} \qquad (6.10)$$

### 6.3.4.3   Einfluß der Spiegelreflektivitäten

Die Reflektivitäten realer Spiegeloberflächenmaterialien sind für parallel bzw. senkrecht zur Einfallsebene polarisierte Strahlanteile meistens ungleich [6.2, 2.10]. In der Regel ist der Reflexionsgrad $R_p$ eines parallel zur Einfallsebene polarisierten Strahlleistungsanteiles geringer als der Reflexionsgrad $R_s$ eines senkrecht polarisierten Anteiles.

Die unterschiedlichen Größen von $R_p$ und $R_s$ bedingen, daß es zu Veränderungen der Richtung des ausfallenden Polarisationsvektors $\underline{P}_{aus}$ gegenüber dem Fall einer rein geometrischen Spiegelung kommt. Zur Illustration der bei der Spiegelung geltenden Zusammenhänge dient Bild 6.13.

Zur Ermittlung des Einflusses der unterschiedlichen Spiegelreflektivitäten ist zunächst der unter dem Winkel $\beta$ zur Einfallsebene orientierte Vektor $\underline{P}_{SP}$ - die Abbildung des einfallenden Polarisationsvektors $\underline{P}_{ein}$ auf der Spiegeloberfläche -, der in Gleichung $(6.9)$ berechnet wurde, in zwei Teilvektoren $\underline{P}_{SP,\,p}$ bzw. $\underline{P}_{SP,\,s}$ aufzuteilen, welche parallel bzw. senkrecht zur Einfallsebene liegen, siehe Bild 6.13. Zur Ermittlung von $\underline{P}_{SP,p}$ und $\underline{P}_{SP,s}$ ist vorab die Bestimmung der beiden Richtungsvektoren $\underline{R}_p$ und $\underline{R}_s$ notwendig. Die erforderlichen Berechnungen folgen den Gleichungen *(6.11)* bis *(6.14)*:

$$\underline{R}_s = \underline{S}_{ein} \times \underline{S}_{aus} \tag{6.11}$$

$$\underline{R}_p = \underline{R}_s \times \underline{N} \tag{6.12}$$

$$\underline{P}_{SP,p} = (\underline{R}_{p,norm.} * \underline{P}_{SP,norm.}) * \underline{R}_{p,norm.} \tag{6.13}$$

$$\underline{P}_{SP,s} = (\underline{R}_{s,norm.} * \underline{P}_{SP,norm.}) * \underline{R}_{s,norm.} \tag{6.14}$$

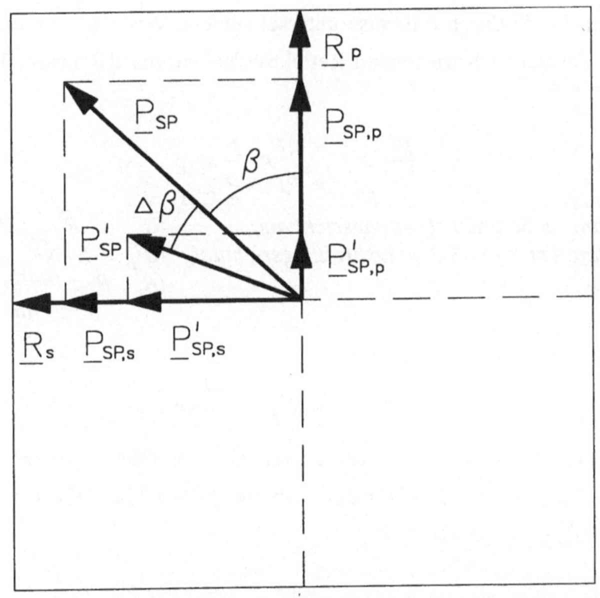


| | |
|---|---|
| $\underline{P}_{SP}$ : | Abbildung des einfallenden Polarisationsvektors auf der Spiegeloberfläche |
| $\underline{P}_{SP,p}$, $\underline{P}_{SP,s}$ : | Parallel bzw. senkrecht zur Einfallsebene orientierte Anteile von $\underline{P}_{SP}$ |
| $\underline{P}'_{SP}$ : | Abbildung des ausfallenden Polarisationsvektors auf der Spiegeloberfläche |
| $\underline{P}'_{SP,p}$, $\underline{P}'_{SP,s}$ : | Parallel bzw. senkrecht zur Einfallsebene orientierte Anteile von $\underline{P}'_{SP}$ |
| $\beta$ : | Winkel des einfallenden Polarisationsvektors zur Einfallsebene |
| $\Delta\beta$ : | Richtungsänderung von $\underline{P}'_{SP}$ gegenüber $\underline{P}_{SP}$ |
| $\underline{R}_p$, $\underline{R}_s$ : | Parallel bzw. senkrecht zur Einfallsebene orientierte Richtungsvektoren |

Bild 6.13:  Zusammenhänge bei der Spiegelung des Polarisationsvektors an einer Spiegeloberfläche mit unterschiedlichen Reflektivitäten für parallel bzw. senkrecht zur Einfallsebene polarisierte Strahlanteile (dem Bild 6.12 entsprechende Draufsicht auf den Spiegel).

Durch die unterschiedlichen Reflektivitäten $R_p$ bzw. $R_s$ für parallel bzw. senkrecht zur Einfallsebene orientierte Strahlleistungsanteile wird auch das Verhältnis zwischen den entsprechend orientierten Anteilen der elektrischen Feldstärke verändert. In Bild 6.13 ist dies anschaulich durch eine Veränderung des Längenverhältnisses zwischen $\underline{P}'_{SP,\,p}$ und $\underline{P}'_{SP,\,s}$ gegenüber dem Verhältnis zwischen $\underline{P}_{SP,\,p}$ und $\underline{P}_{SP,\,s}$ dargestellt. Aufgrund dieser unterschiedlichen Verhältnisse weicht die Richtung von $\underline{P}'_{SP}$ - der Abbildung des ausfallenden Polarisationsvektors $\underline{P}_{aus}$ auf der Spiegeloberfläche - um $\Delta\beta$ gegenüber der von $\underline{P}_{SP}$ ab.

Die Gleichungen *(6.15)* und *(6.16)* ermöglichen die Berechnung der Richtung von $\underline{P}'_{SP}$. Hier besteht ein Unterschied für Abbildungen in oder entgegen der Strahlausbreitungsrichtung, der sich in Gleichung *(6.15)* durch fallweise unterschiedliche Werte für die den Reflexionsgrad der elektrischen Feldstärke betreffenden Reflektivitätsfaktoren RF ausdrückt.

$$\underline{P}'_{SP,p} = RF_p * \underline{P}_{SP,p} \qquad\qquad (6.15)$$
$$\underline{P}'_{SP,s} = RF_s * \underline{P}_{SP,s}$$

*Berechnung in Strahlausbreitungsrichtung:* $\qquad RF_p = \sqrt{R_p}\;;\; RF_s = \sqrt{R_s}$
*Berechnung entgegen Strahlausbreitungsrichtung:* $\;RF_p = 1\,/\,\sqrt{R_p}\;;\; RF_s = 1\,/\,\sqrt{R_s}$
$\qquad\qquad\qquad\qquad\qquad\qquad\qquad\qquad\quad$ *($R_p$, $R_s$ : Reflexionsgrade der*
$\qquad\qquad\qquad\qquad\qquad\qquad\qquad\qquad\qquad\qquad\;$ *Strahlleistungsanteile)*

$$\underline{P}'_{SP} = \underline{P}'_{SP,p} + \underline{P}'_{SP,s} \qquad\qquad (6.16)$$

Der gesuchte Polarisationsvektor $\underline{P}_{aus}$ des ausfallenden Strahles ergibt sich wieder aus dem vektoriellen Gleichungssystem *(6.10)*, wobei nun aber in *(6.10)* anstelle von $\underline{P}_{SP}$ der in *(6.16)* ermittelte Vektor $\underline{P}'_{SP}$ einzusetzen ist.

Zur Abschätzung der durch unterschiedliche Spiegelreflektivitäten verursachten Richtungsänderungen $\Delta\beta$ von $\underline{P}'_{SP}$ gegenüber $\underline{P}_{SP}$ - und damit auch derjenigen von $\underline{P}_{aus}$ gegenüber dem Fall einer rein geometrischen Spiegelung der Polarisation - dient Bild 6.14. Im Bild sind die für unterschiedliche Verhältnisse zwischen den Reflexionsgraden $R_p$ und $R_s$ von parallel bzw. senkrecht zur Einfallsebene polarisierten Strahlleistungsanteilen sich im Falle einer einzelnen Spiegelung ergebenden Richtungsänderungen $\Delta\beta$ dargestellt. Die Spiegelmaterialien bzw. -beschichtungen, welche üblicherweise in $CO_2$-Laseranlagen für die Materialbearbeitung verwendet werden, besitzen Verhältnisse $R_p/R_s$ von 0,98 oder höher [6.2, 2.10], was für $\Delta\beta$ Werte von bis zu 0,3° verursachen kann. Da in den Strahlführungssystemen von Laseranlagen jedoch stets mehrere Spiegelungen stattfinden, ist für die gesamten Anlagenstrahlführungen

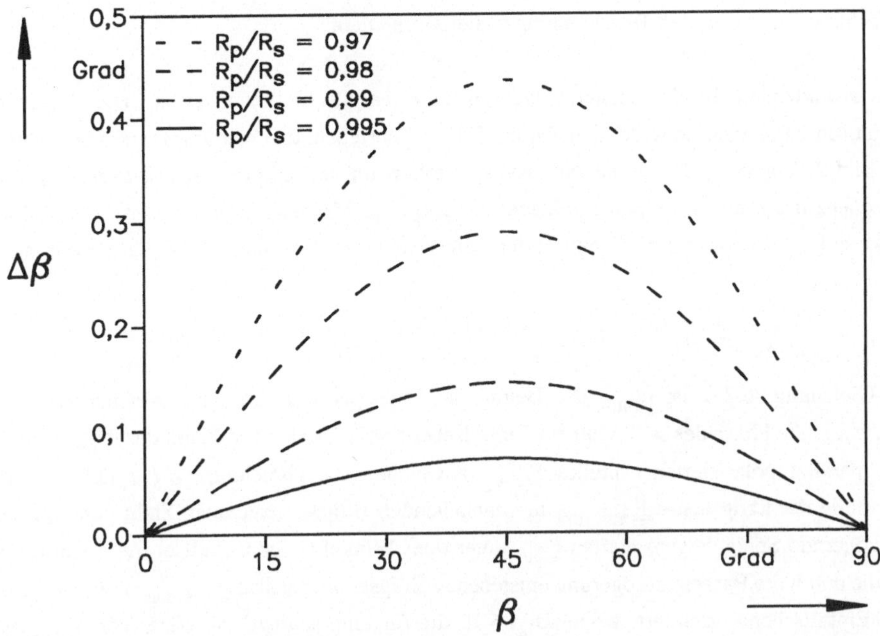


Bild 6.14:   Durch unterschiedliche Verhältnisse von $R_p$ zu $R_s$ verursachte Richtungsänderungen $\Delta\beta$ der Polarisation im ausfallenden Strahl gegenüber dem Fall
geometrischer Spiegelung (siehe Bild 6.13).

mit entsprechend deutlicheren Abweichungen gegenüber dem Fall geometrischer Spiegelungen zu rechnen.


### 6.3.4.4        Einfluß phasenverzögernder Spiegeleigenschaften

Abhängig vom Oberflächenmaterial des verwendeten Spiegels, kann es bei der Reflexion der
elektrischen Feldstärke zu Gangunterschieden zwischen den Phasen der parallel bzw. senkrecht zur Einfallsebene orientierten Feldstärkeanteile im ausfallenden Strahl kommen.
Rechnerisch ergeben sich die Gangunterschiede durch unterschiedliche Randbedingungen für
die Fresnel'schen Gleichungen aufgrund anisotroper Materialeigenschaften [6.3]. Anschaulich
erklärbar sind die Gangunterschiede im Fall metallischer Spiegeloberflächen durch unterschiedlich lange Laufwege der beiden Feldstärkeanteile im Oberflächenmaterial, im Fall

transmissiver Spiegelbeschichtungen durch für die Feldstärkeanteile unterschiedliche Brechungsindizes in den Beschichtungsmaterialschichten.

Im ausfallenden Strahl entsteht dadurch eine elliptische Polarisation. Die Merkmale elliptischer Polarisation wurden in Kapitel 2.3.3 beschrieben, Erscheinungsformen beispielhaft in Bild 2.17 gezeigt. Der Polarisationsvektor rotiert im Fall elliptischer Polarisation mit der Frequenz des Lichtes um den Strahlachsenvektor. Die Momentanrichtung des Polarisationsvektors $\underline{P}_{aus}$ ist somit eine Funktion der Zeit, welche in Gleichung *(6.17)* dargestellt ist:

$$\underline{P}_{aus}(t) = \underline{P}_{aus,p} * \sin(\omega t) + \underline{P}_{aus,s} * \sin(\omega t + \varphi_{Shift}) \quad . \qquad (6.17)$$

In Gleichung *(6.17)* ist $\varphi_{Shift}$ der Betrag der Phasenverzögerung, um welchen nach der Reflexion die Phase des senkrecht zur Einfallsebene polarisierten Strahlanteiles $\underline{P}_{aus,s}$ von der des parallel polarisierten Anteiles $\underline{P}_{aus,p}$ abweicht. Aus Gleichung *(6.17)* läßt sich die Richtung der Längsachse $\underline{P}_{aus,\,max}$ der entstehenden Ellipse berechnen. Steht ohne phasenverzögernde Spiegeleigenschaften $\underline{P}_{aus}$ unter dem Winkel $\beta$ zur Einfallsebene orientiert, so ist die durch die Phasenverzögerung entstehende Ellipsenlängsachse $\underline{P}_{aus,\,max}$ unter $(\beta + \Delta\beta')$ zur Einfallsebene orientiert, wobei Bild 6.15 die für unterschiedliche Werte von $\varphi_{Shift}$ sich ergebenden Richtungsänderungen $\Delta\beta'$ zeigt. Gängige Spiegelmaterialien (Kupfer, Molybdän) und Spiegelbeschichtungen (Gold) verursachen bei $CO_2$-Laserstrahlung Phasenverzögerungen $\varphi_{Shift}$ von unter 2° [6.2]. Aus Bild 6.15 ist abzulesen, daß für solche Werte von $\varphi_{Shift}$ die Werte für $\Delta\beta'$ mit weniger als 0,01° sehr gering sind und auch um eine Größenordnung unter den typischen Auswirkungen unterschiedlicher Spiegelreflektivitäten bleiben (vergleiche Kapitel 6.3.4.3). Wegen der geringen Auswirkungen auf $\Delta\beta'$ ist die Berücksichtigung von phasenverzögernden Eigenschaften bei den gängigen Spiegelmaterialien vernachlässigbar.


### 6.3.5        Erforderliche Stellung des Polarisationsdrehgerätes

In den vorangegangenen Berechnungsschritten wurde sowohl die vorhandene Polarisationsrichtung am Strahleintrittsort des Polarisationsdrehgerätes als auch die zu erzeugende Polarisationsrichtung an dessen Strahlaustrittsort ermittelt. Nun ergibt sich die erforderliche Stellung des Polarisationsdrehgerätes auf Basis seiner im Kapitel 6.2.1 geschilderten grundlegenden Abbildungseigenschaft, welche auch in Bild 6.3 zum Ausdruck kommt, der Drehung der ausfallenden Polarisationsebene um den doppelten Betrag des Drehwinkels $\varphi$,

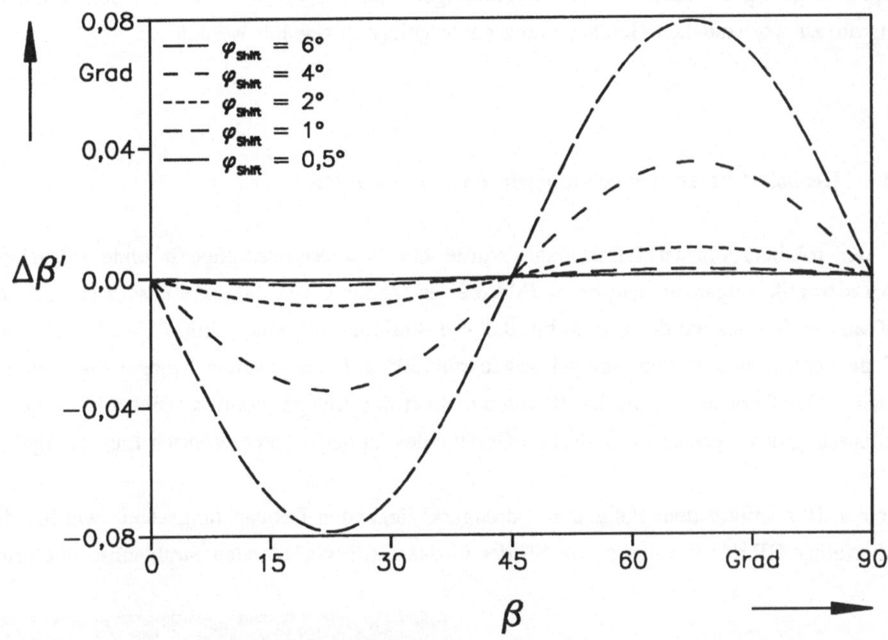


Bild 6.15:    Durch unterschiedliche Phasenverzögerungen $\varphi_{Shift}$ verursachte Richtungsänderungen $\Delta\beta'$ der Ellipsenlängsachse gegenüber der Richtung der Polarisation im Falle keiner Phasenverzögerung.

mit welchem das Gerät gegenüber der einfallenden Polarisationsebene gedreht wird. Spiegeleigenschaften, die geringfügige Abweichungen dazu bewirken können, sind nach den Kapiteln
6.3.4.3 und 6.3.4.4 zu beachten.

Eine Drehung der Polarisationsebene um 180° - welche sich bei einer Drehung des Polarisationsdrehgerätes um 90° ergibt - läßt die Lage der gedrehten Polarisationsebene im Raum mit
der der ursprünglichen zusammenfallen. Drehungen um ganzzahlige Vielfache dieses Betrages
verhalten sich also indifferent in Bezug auf die Polarisationsorientierung.

Als Konsequenz daraus bestehen stets mehrere Sollstellungen für das Polarisationsdrehgerät.
Eine Sollstellung entsteht bei einer Drehung des Gerätes um den Winkel $\varphi_{Soll}$, der die Hälfte
des Winkels zwischen $\underline{P}_{ein}$ und $\underline{P}_{aus}$ beträgt, gegenüber $\underline{P}_{ein}$. Eine Vielzahl anderer Sollstellungen ergeben sich bei Drehungen des Gerätes um ($\varphi_{Soll} \pm n*90°$) gegenüber $\underline{P}_{ein}$. Um
die Verfahrzeiten des Antriebes des Polarisationsdrehgerätes in eine neue Sollstellung

möglichst gering zu halten, sollte zweckmäßigerweise aus der Vielzahl von Sollstellungen stets die zur vorhandenen Gerätestellung nächstgelegene gewählt werden.


## 6.4    Realisierung an der robotergeführten Laseranlage

An der robotergeführten Laseranlage wurde ein Polarisationsdrehgerät ohne integrierte Fokussieroptik eingebaut, wie es in Bild 6.2 als Variante (A) dargestellt ist. Der optische Aufbau des Gerätes wurde so gewählt, daß die Strahlung mit einem Einfallswinkel von 60° auf den ersten und dritten Spiegel sowie mit 30° auf den zweiten Spiegel des Gerätes auftrifft. Das Gerät wurde an den Strahleintrittsort der Anlage montiert. Bild 6.16 zeigt die Realisierung des mechanisch-optischen Geräteteiles an der robotergeführten Laseranlage.

In einer 10 m hinter dem Polarisationsdrehgerät liegenden Beobachtungsebene wurden die Justierfehler GF des Gerätes sowie SF der in das Gerät einfallenden Strahlachse überprüft

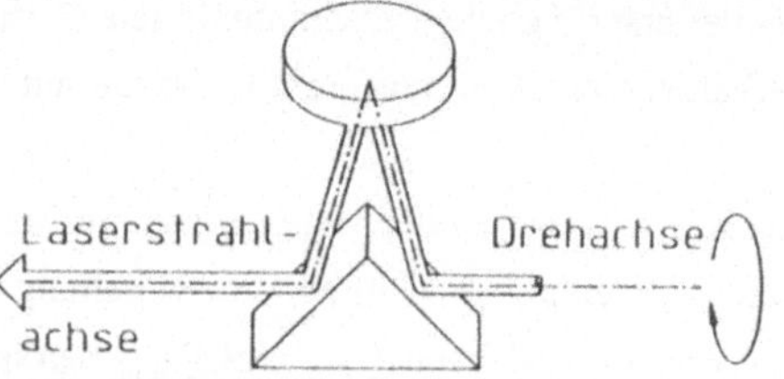


Bild 6.16:     Realisierung des mechanisch-optischen Polarisationsdrehgerätes und Einbau an der robotergeführten Laseranlage. Als Einbauplatz für das Gerät wurde der Strahleintrittsort der Laseranlage gewählt.

und eingestellt. Die Justierungsarbeiten wurden durchgeführt, bis sowohl GF als auch SF Werte geringer als 1 mm annahmen. Mit einem Gerät zur Ermittlung der örtlichen Leistungsdichteverteilung (Fa. Prometec, Typ UFF 100) wurde anschließend die Fokuspunktwanderung eines mit 150 mm Brennweite fokussierten Strahles bei einer vollständigen Umdrehung des Polarisationsdrehgerätes gemessen. Die Fokuspunktwanderung blieb innerhalb eines umhüllenden Kreises von 0,06 ± 0,03 mm Durchmesser.

Die steuerungstechnische Integration des Linearpolarisations-Orientierers (LIPOR) in die robotergeführte Laseranlage zeigt schematisch Bild 6.17. Nach der Erweiterung der Anlagensteuerung zum Antrieb einer zusätzlichen NC-Achse ist diese in der Lage, den LIPOR zu steuern. Zur Generierung der NC-Programmsätze des LIPOR war eine Erweiterung des Rechenumfanges der Anlagensteuerung notwendig. Um die geplante grundsätzliche Er-

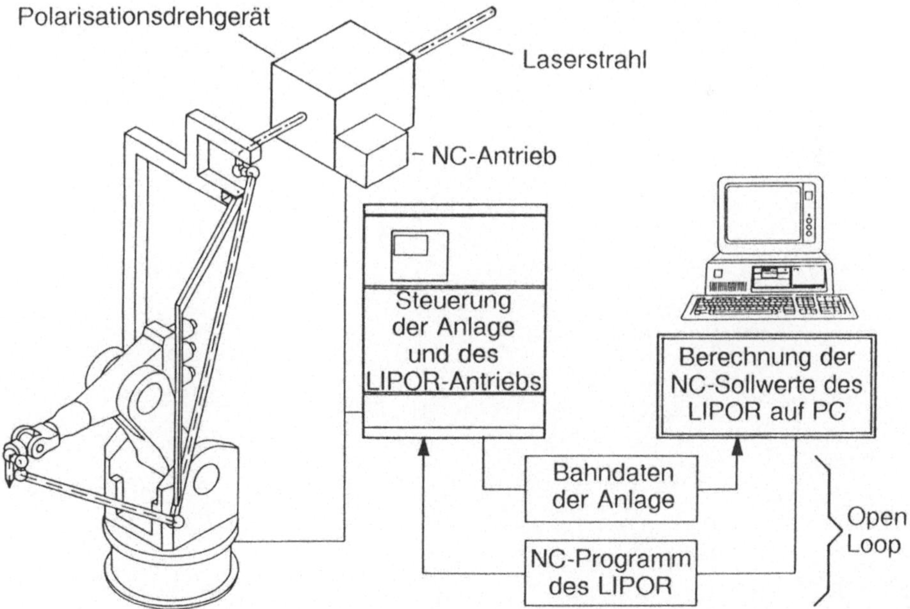


Bild 6.17:   Integration des LIPOR in die robotergeführte Laseranlage. Die LIPOR-Antriebssteuerung wird von der Anlagensteuerung mit übernommen, die NC-Programmsätze für den LIPOR im Open-Loop-Betrieb auf einem PC generiert.

probung des LIPOR zu ermöglichen, reichte hierzu eine Verknüpfung der Anlagensteuerung mit einem PC im Open-Loop-Betrieb aus.

Dem auf dem PC installierten LIPOR-Rechenteil zur Ermittlung der NC-Sollwerte ist die inverse Kinematik der Laseranlage einprogrammiert. Durch manuelle Übertragung (Open-Loop) eines Bewegungsprogrammes der Anlage in den PC und der Angabe der in Bezug zur Bewegungsrichtung gewünschten Polarisationsorientierung, werden vom PC die NC-Programmsätze für den LIPOR ermittelt. Anschließend wird an der Anlagensteuerung das vorhandene Bewegungsprogramm des Roboters manuell um die vom PC generierten NC-Sätze für die den LIPOR antreibende zusätzliche Achse ergänzt.

Messungen zum Vergleich der an der Werkzeugspitze tatsächlich erzeugten Polarisations-richtung mit der beabsichtigten, ergaben im Rahmen der Meßauflösung des verwendeten Polarisationsindikators (1°) eine korrekte Übereinstimmung.

# 7 Polarisationseinfluß beim Schweißen von Stahlblech St 14

Zur Demonstration des Polarisationseinflusses beim Laserstrahlschweißen werden in diesem Kapitel Schweißergebnisse an Stahlblechen St 14 (Fe P04 nach EN 10130 [7.1]) der Dicke 1 mm vorgestellt. Die unbeschichteten, kaltgewalzten Bleche der Oberflächengüten O3 und O5 nach DIN 1623 Teil 2 [7.2] wurden in zwei unterschiedlichen Schweißgeometrien miteinander verschweißt, der Liniennaht am einschnittigen Überlappstoß und der I-Naht am Stumpfstoß [7.3]. Alle erzeugten Schweißnähte besaßen eine Länge von 300 mm.

Die beiden Schweißgeometrien stellen bezüglich der Fehlertoleranz gegenüber Führungsungenauigkeiten des Laserstrahls entlang der Fügestellen Extremfälle dar. Besonders geringe Anforderungen stellt die Liniennaht am Überlappstoß. Geometrisches Charakteristikum ist hier eine senkrecht zur Strahlachse stehende Stoßebene der Bleche, siehe Bild 7.1. Damit ist das zulässige Maß einer Fehlpositionierung des Laserstrahls senkrecht zu seiner Wirkrichtung

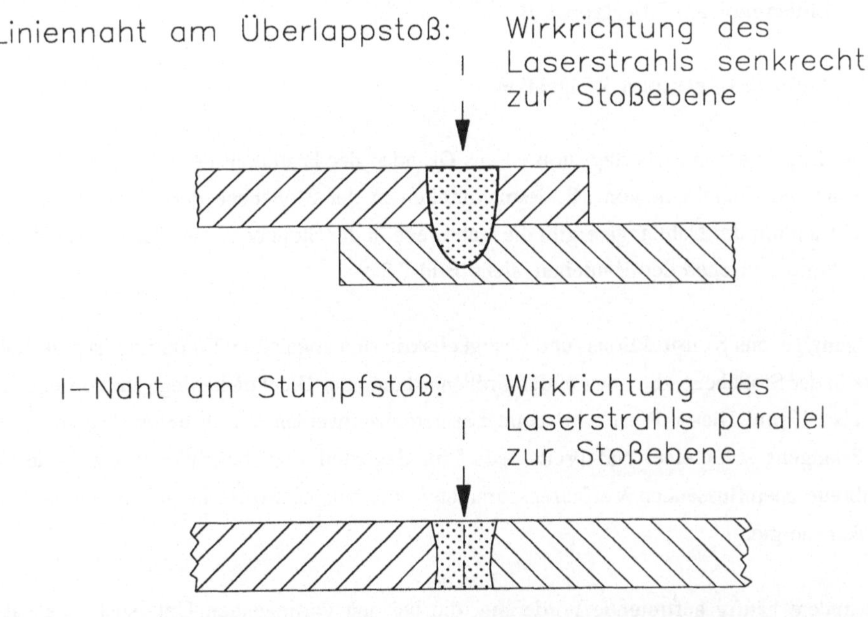



Bild 7.1:    Charakteristische Lagen von Wirkrichtung (Strahlachse) des Laserstrahls zur Stoßebene der Bleche bei den untersuchten Schweißgeometrien.

(Laserstrahlachse) durch die Überlappungsbreite der Bleche beeinflußbar und kann auf die gegebenen Bahnungenauigkeiten der Laseranlage abgestimmt werden.

Besonders hohe Anforderungen an die Führungsgenauigkeit des Laserstrahls entlang der Fügestellen stellt die I-Naht am Stumpfstoß. Geometrisches Charakteristikum ist hier eine parallel zur Wirkrichtung des Laserstrahls stehende Stoßebene der Bleche, siehe Bild 7.1. Die Fehlertoleranz dieses Verfahrens ist damit direkt abhängig von der erzeugten minimalen Nahtbreite.

Die Eigenschaften der verwendeten Laserstrahlung wurden in Kapitel 5 beschrieben, ebenso die Bahngenauigkeit der eingesetzten robotergeführten Laseranlage. Die Bahnabweichungen der Laseranlage, welche auch die Konstanthaltung der Fokuslage auf den Werkstücken beeinflussen, bleiben entlang der zu den Schweißuntersuchungen benutzten geradlinigen Bearbeitungsbahnen innerhalb einer Schwankungsbreite von ±0,15 mm. Die Wiederholgenauigkeit der Bahndurchläufe beträgt 0,01 mm.


## 7.1    Liniennaht am Überlappstoß

### 7.1.1  Anforderungen und Zielgrößen

Bei der Liniennaht am Überlappstoß ist aus Gründen der Festigkeit der erzeugten Schweißnähte auf die Einhaltung von Mindestnahtbreiten in der Stoßebene der Bleche zu achten. Gemeinsam mit der Nahtlänge ergibt die Nahtbreite in der Stoßebene die Fläche des gefügten Querschnitts zwischen den Bauteilen, siehe Bild 7.2.

Eine gängige, aus Konstruktions- und Festigkeitskriterien abgeleitete Forderung ist eine Nahtbreite in der Stoßebene, die etwa in der Größenordnung der Blechdicke liegt, im vorliegenden Fall also 1 mm. Dieser Wert wird beim Laserstrahlschweißen häufig unterschritten [2.18]. Die Erlangung solch einer Nahtbreite bedarf im Gegenteil einer bewußten Auswahl der die Nahtbreite beeinflussenden Verfahrensparameter, wie beispielsweise Fokusdurchmesser und Streckenenergie.

Eine andere häufig auftretende Forderung, die bei den vorliegenden Untersuchungen aber nicht gestellt wurde, ist das vollständige Durchschweißen des Überlappstoßes. Sie resultiert

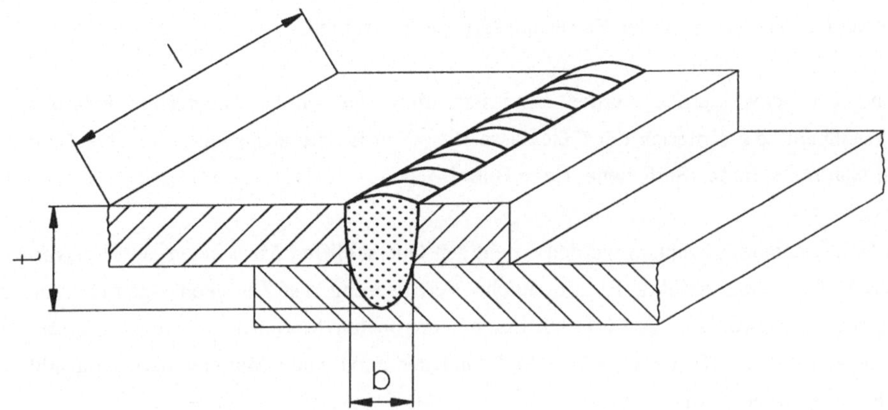



Bild 7.2:        Liniennaht am einschnittigen Überlappstoß.

aus dem Wunsch nach einer vereinfachten Kontrolle des erzielten Schweißergebnisses mittels
Sichtkontrolle von der Wurzelseite. Diese Forderung nimmt an Bedeutung ab, da heute
verstärkt an wirtschaftlich einsetzbaren, zerstörungsfrei arbeitenden Prüfverfahren gearbeitet
wird [7.4]. Eine sichere Verschweißung kann so auch ohne die Sichtbarkeit einer Schweiß-
nahtwurzel festgestellt werden.


### 7.1.2  Ausgewertete Nahtmerkmale

Die Schweißungen wurden auf Basis metallografischer Untersuchungen ausgewertet. Als
Grundlage für eine Bewertung der Nahtmerkmale wurde die Norm DIN 8563 Teil 11 heran-
gezogen [7.5]. Die Bewertung der in der Norm erfaßten Nahtunregelmäßigkeiten, die sich auf
Stumpfschweißverbindungen beziehen, wurde für die Gegebenheiten bei Überlappnähten
abgewandelt. So wurde eine vollständige Durchschweißung des Überlappstoßes aus den in
Kapitel 7.1.1 genannten Gründen nicht gefordert. Ebenso wurden Nahtunterwölbungen bei der
Gütebewertung nicht berücksichtigt. Eine Schweißung wurde dann als erfolgreich angesehen,

wenn die übrigen in der DIN 8563 erfaßten Unregelmäßigkeiten einer Schweißnaht gering blieben und die Kriterien der Bewertungsgruppe B erfüllten.

Von jeder Schweißprobe wurden mindestens drei Querschliffe angefertigt. Erfüllten die Schweißnähte die Kriterien der Güteklasse B, so wurden sie ausgewertet auf ihre Nahttiefe und Nahtbreite in der Stoßebene, siehe Bild 7.2.

Zu Dokumentationszwecken wurden an einigen Querschliffen Messungen der Härteverläufe nach Vickers durchgeführt. Eine deutliche Verringerung der Zähigkeitseigenschaften von laserstrahlgeschweißtem St 14 Blech durch tetragonalen Martensit ist indes aufgrund des geringen Kohlenstoffgehaltes von 0,08 % und der maximalen Martensithärte von 400 HV nicht zu erwarten [7.6].

### 7.1.3  Ergebnisse

### 7.1.3.1        Voruntersuchungen

Bereits in den Voruntersuchungen zeigte sich, daß die laserstrahlgeschweißten Überlappnähte stets frei von Rissen oder Bindefehlern waren. Bei paralleler Polarisation verliefen die Schweißungen überwiegend spritzerfrei. Bei senkrechter Polarisation zeigte sich, vor allem bei der Verwendung der Fokussierzahl 8, eine geringe Spritzerneigung.

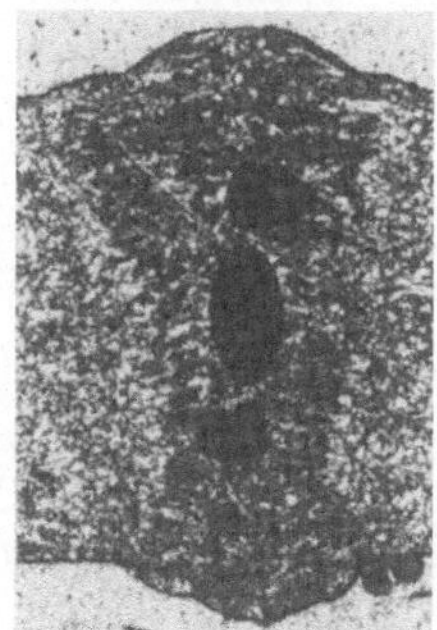

Bezüglich der Poren wurde festgestellt, daß unabhängig vom verwendeten Schweißgas (Helium oder Argon) diese nur auftraten, siehe Bild 7.3, wenn mit unangebracht hohen Streckenenergien von über 100 J/mm geschweißt wurde. Die dann entstehenden Poren besaßen eine Größe, die keine Einordnung in die Bewertungsgruppe B der DIN 8563 mehr zuließ, wobei sich bei senkrechter Polarisation die größten Porenquerschnitte ergaben. Diese Feststellungen bestätigten sich im Verlauf der anschließenden Reihenuntersuchungen.

Bild 7.3:        Poren durch
                 überhöhte
                 Streckenenergie
                 (E: 114 J/mm).

Weiterhin wurde in den Voruntersuchungen unter Einsatz der in Kapitel 5.4 beschriebenen Prozeßgasdüse der Einfluß der verwendeten Gasart (Helium bzw. Argon) auf die Schweißergebnisse untersucht. Die Bilder 7.4 und 7.5 zeigen dazu die erhaltenen Nahttiefen und Nahtbreiten in der Stoßebene bei einer Fokussierzahl von F=4. Diese Schweißungen mit F=4 stellen gegenüber denen mit F=8 den für das Prozeßgas schwierigeren Einsatzfall dar, da aufgrund der höheren Leistungsdichten im Laserstrahl eine stärkere Neigung zur Bildung abschirmenden Plasmas besteht.

Die Ergebnisse belegen einen wenig ausgeprägten Vorteil von Helium bezüglich der erzielten Nahttiefen bei paralleler Polarisation. Bei den anderen Polarisationen und auch bei den Schweißungen mit F=8 verschwanden die Unterschiede zwischen Helium und Argon vollständig. Nachteile von mit Helium erzeugten Nähten waren unruhigere Nahtoberraupen mit engeren Krümmungsradien beim Übergang von Grundwerkstoff zu Schmelzzone.

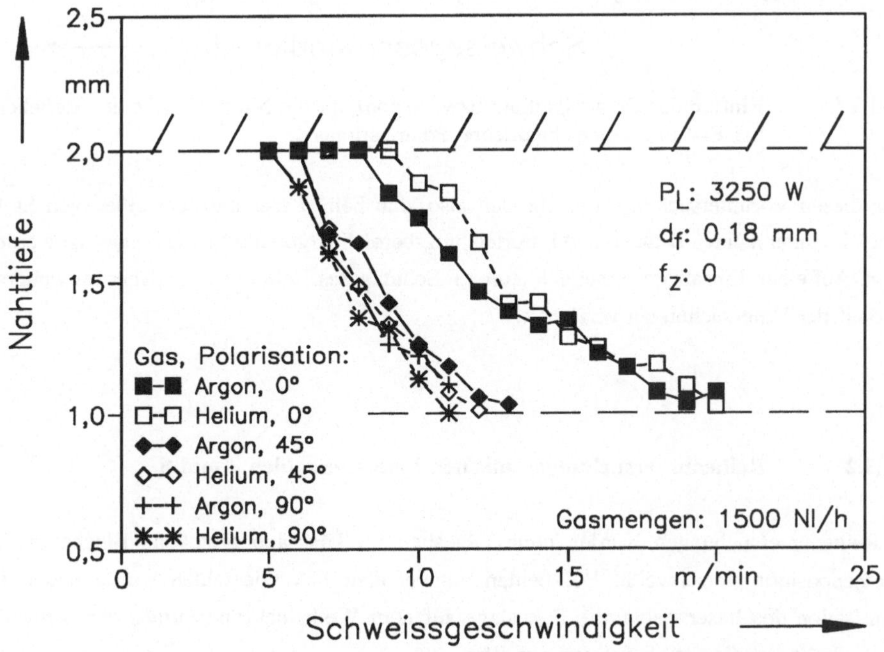



Bild 7.4:    Einfluß der Gasart (Helium bzw. Argon) auf die Nahttiefen bei F=4 und unterschiedlichen Polarisationen.

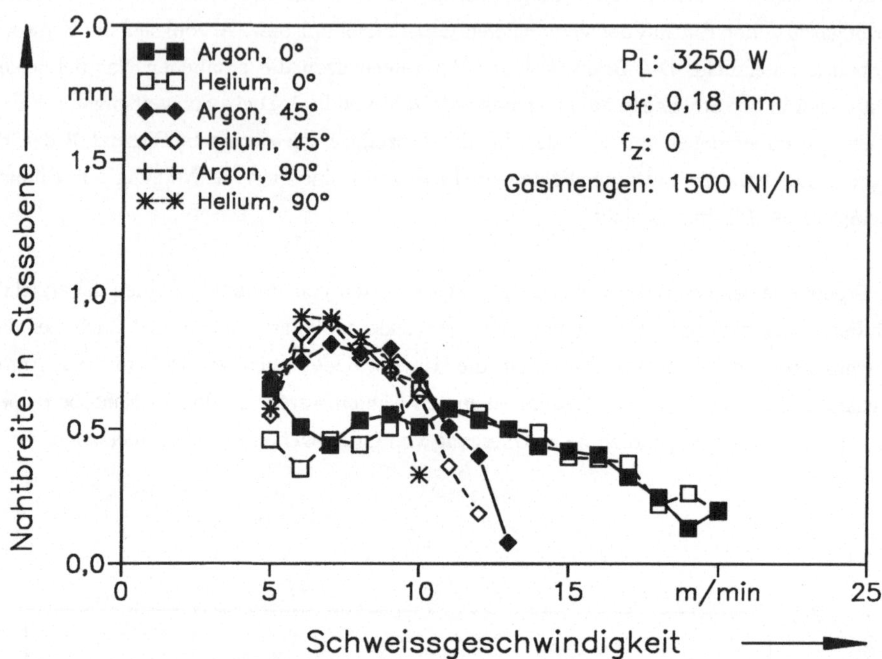


Bild 7.5:      Einfluß der Gasart (Helium bzw. Argon) auf die Nahtbreiten in der Stoßebene
               bei F=4 und unterschiedlichen Polarisationen.

Aus diesen Voruntersuchungen ergibt sich also, daß beim Laserstrahlschweißen von St 14
Blech im untersuchten Dicken- und Laserleistungsbereich Argon mit Erfolg eingesetzt werden
kann. Auf einen Einsatz des erheblich teureren Schutzgases Helium wurde daher im weiteren
Verlauf der Untersuchungen verzichtet.

## 7.1.3.2      Reihenuntersuchungen mit den Fokussierzahlen 4 und 8

In Reihenuntersuchungen wurden ohne Fügespalt im Überlapp gestoßene Bleche in der
Wannenposition verschweißt. Bei beiden untersuchten Fokussierzahlen wurde dabei die
Polarisation des Laserstrahls, die Fokuslage auf dem Werkstück und mittels der Schweiß-
geschwindigkeit die Streckenenergie variiert.

Zunächst wird hier der Einfluß der Fokuslage auf die erzielten Schweißergebnisse dokumentiert. Dazu zeigen die Bilder 7.6 bis 7.9 für die beiden Fokussierzahlen 4 und 8 die bei paralleler und bei senkrechter Polarisation erzielten Nahttiefen in Abhängigkeit von der Fokuslage und der Schweißgeschwindigkeit.

Bei Fokuslagen deutlich oberhalb ($f_z > 0$) bzw. unterhalb ($f_z < 0$) der Werkstückoberfläche muß für die Erreichung einer bestimmten Nahttiefe in der Regel eine geringere Schweißgeschwindigkeit eingestellt werden als bei Fokuslagen in der Nähe der Werkstückoberfläche ($f_z = 0$). Der Zusammenhang zwischen Defokussierung des Strahls und Abnahme der erreichbaren Schweißgeschwindigkeit ist auch ein Maß für die Fehlertoleranz des Schweißverfahrens gegenüber Abstandsschwankungen zwischen Bearbeitungswerkzeug und Werkstück.

Die Bilder 7.6 und 7.7 belegen, daß bei F=4 eine Variation der Fokuslage von ±0,5 mm um einen Mittelwert von ca. $f_z=0$ bei konstanter Schweißgeschwindigkeit nur eine geringe Veränderung der erzielten Nahttiefen bewirkt. Eine Variation der Fokuslage von ±1,0 mm führt demgegenüber vor allem bei höheren Schweißgeschwindigkeiten zu deutlicheren Abnahmen der erzielten Nahttiefen. Ein Vergleich der Bilder 7.6 und 7.7 zeigt, daß diese Zusammenhänge unabhängig von der Polarisation des Laserstrahls sind.

Die in den Bildern 7.8 und 7.9 dokumentierten Nahttiefen von Schweißungen mit einer Fokussierzahl von 8 zeigen, daß durch die Verdoppelung der Fokussierzahl im Vergleich zu F=4 auch eine etwa doppelt so hohe Schwankungsbreite der Fokuslage von ±1,0 mm um einen Mittelwert von etwa $f_z=-0,5$ mm möglich wird, ohne daß das Schweißergebnis stark variiert. Die ungefähre Verdoppelung des tolerierbaren Schwankungsbereiches für die Fokuslage bei F=8 gegenüber F=4 war nicht unbedingt zu erwarten gewesen, da sich bei einer Verdoppelung der Fokussierzahl die Rayleighlänge $z_{Rf}$ des fokussierten Strahles vervierfacht (siehe Gleichung 2.9).

Weitere Reihenuntersuchungen dienten der ausführlichen Untersuchung des Polarisationseinflusses auf die geometrischen Nahtmerkmale Nahttiefe und Nahtbreite in der Stoßebene. Während dieser Untersuchungen wurde die Fokuslage auf Werten im Bereich der als bestmöglich geeignet erkannten ($f_z=0$ bei F=4 und $f_z=-0,5$ mm bei F=8) konstant gehalten.

Mit beiden Fokussierzahlen wurden Schweißungen mit parallel, unter 45° und senkrecht zur Schweißrichtung orientierter Linearpolarisation ausgeführt. Um die damit erzielten Ergebnisse mit denen der bislang in der räumlichen Materialbearbeitung ausschließlich eingesetzten Pola-

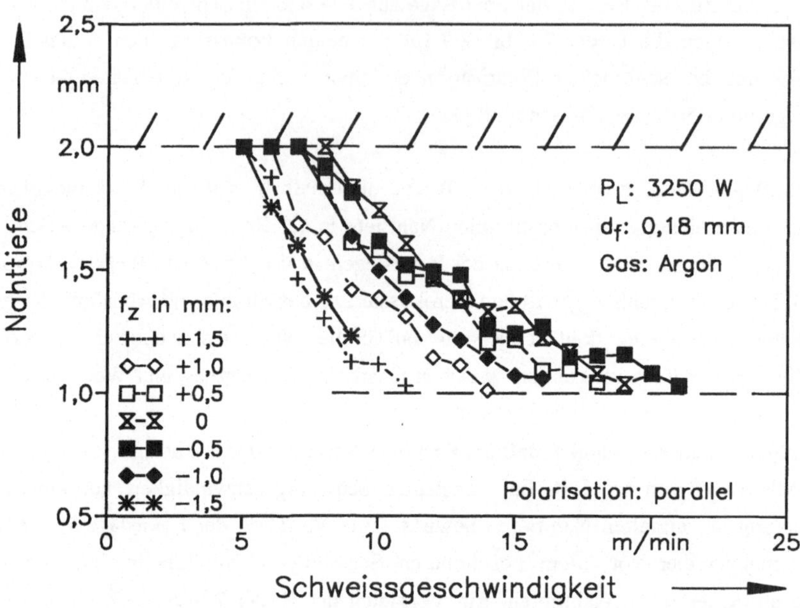


Bild 7.6:        Einfluß der Fokuslage auf die Nahttiefen bei F=4 und paralleler Polarisation.

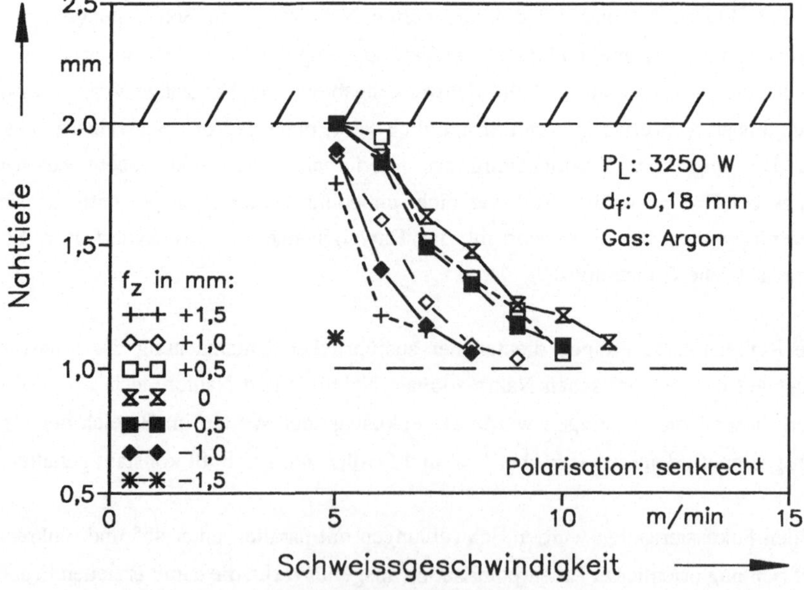


Bild 7.7:        Einfluß der Fokuslage auf die Nahttiefen bei F=4 und senkrechter Polarisation.

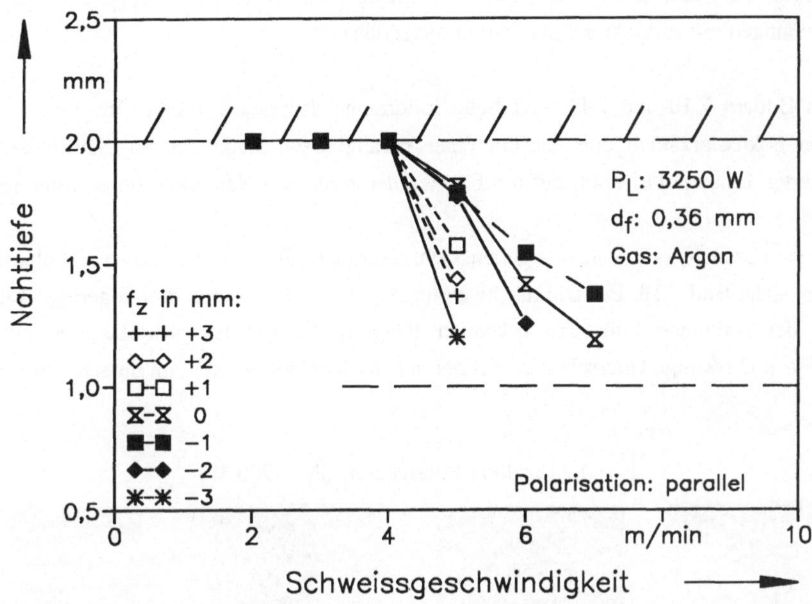


Bild 7.8:     Einfluß der Fokuslage auf die Nahttiefen bei F=8 und paralleler Polarisation.

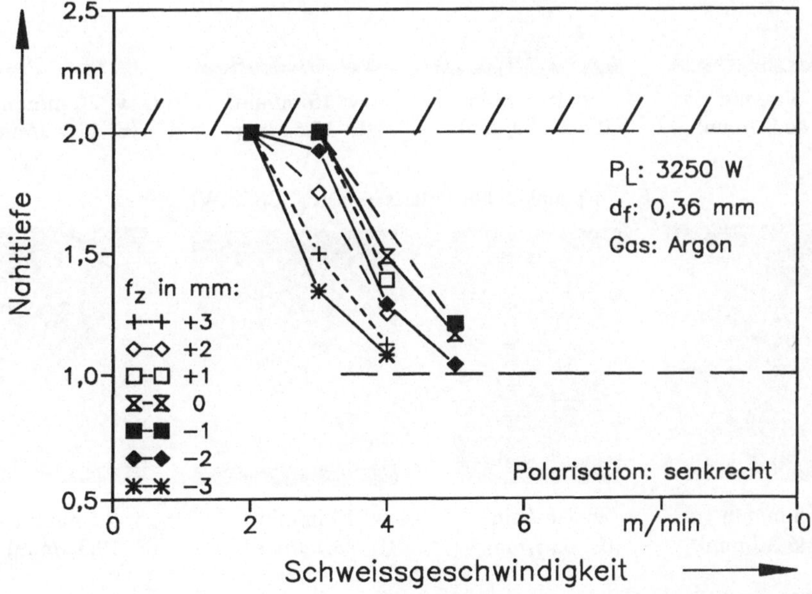


Bild 7.9:     Einfluß der Fokuslage auf die Nahttiefen bei F=8 und senkrechter Polarisation.

risationsart - der zirkularen Polarisation - vergleichen zu können, wurden parallel dazu auch
Schweißungen mit zirkularer Polarisation ausgeführt.

In den Bildern 7.10 und 7.11 sind Schliffbildreihen dargestellt, die für die beiden untersuchten Fokussierzahlen den Einfluß einer parallel bzw. senkrecht zur Schweißrichtung
orientierten Linearpolarisation auf die Formen der erzeugten Nahtquerschnitte illustrieren.

Bei einer Fokussierzahl von 4 ergeben sich Nahtquerschnitte mit relativ parallelen Naht-
flanken, siehe Bild 7.10. Bei Durchschweißungen ist am Nahtoberrand eine geringe Verbrei-
terung der Nahtquerschnitte zu erkennen (Nagelkopf). Bei Einschweißungen entstehen
weitgehend U-förmige Querschnitte. Bei tiefen Einschweißungen sind im unteren Bereich des

$F = 4$ ; parallele Polarisation ($P_L$: 3900 W):

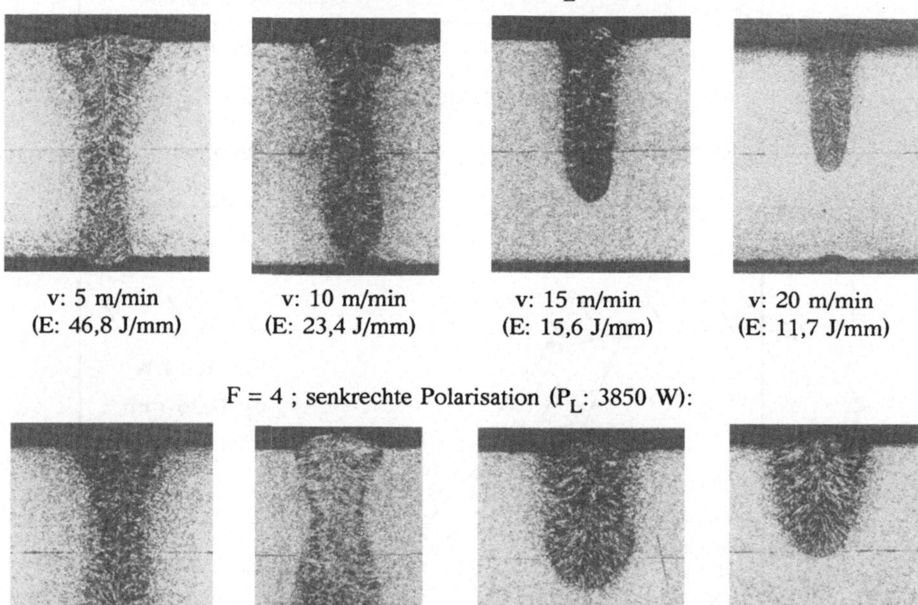

<table>
<tr><td>v: 5 m/min<br>(E: 46,8 J/mm)</td><td>v: 10 m/min<br>(E: 23,4 J/mm)</td><td>v: 15 m/min<br>(E: 15,6 J/mm)</td><td>v: 20 m/min<br>(E: 11,7 J/mm)</td></tr>
</table>

$F = 4$ ; senkrechte Polarisation ($P_L$: 3850 W):

<table>
<tr><td>v: 5 m/min<br>(E: 46,2 J/mm)</td><td>v: 7 m/min<br>(E: 33 J/mm)</td><td>v: 10 m/min<br>(E: 23,1 J/mm)</td><td>v: 12 m/min<br>(E: 19,3 J/mm)</td></tr>
</table>

Bild 7.10:       Erzeugte Nahtquerschnittsformen bei einer Fokussierzahl von 4 und paralleler
                 bzw. senkrechter Polarisation. Werkstücke: 2 * 1 mm Blech St 14.

F = 8 ; parallele Polarisation ($P_L$: 3900 W):

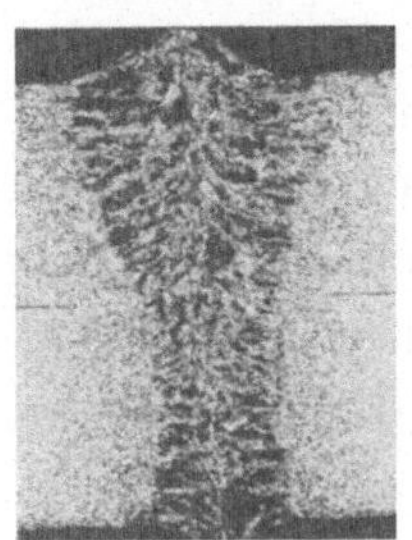 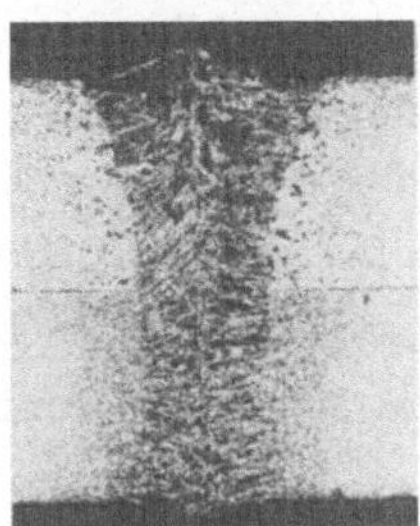 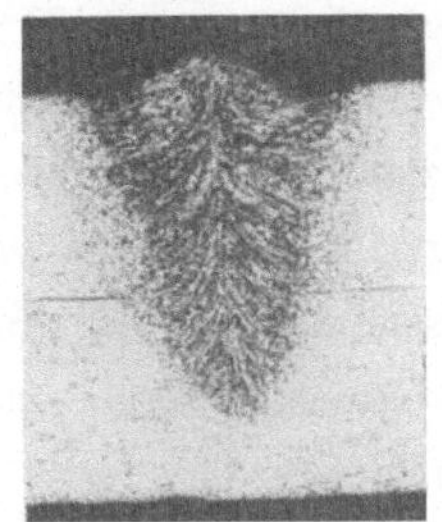 

| v: 3 m/min | v: 5 m/min | v: 7 m/min | v: 10 m/min |
|:---:|:---:|:---:|:---:|
| (E: 78 J/mm) | (E: 46,8 J/mm) | (E: 33,4 J/mm) | (E: 23,4 J/mm) |

F = 8 ; senkrechte Polarisation ($P_L$: 3850 W):

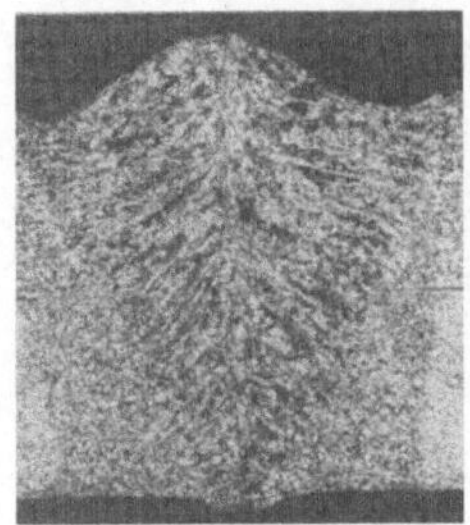 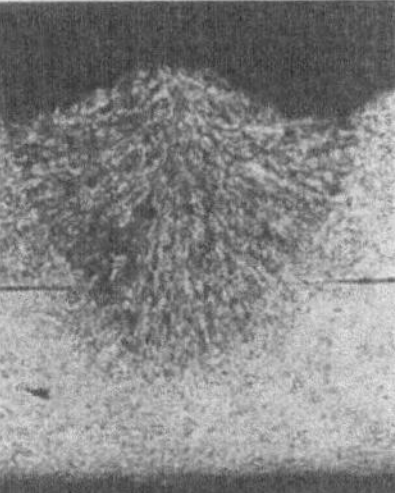 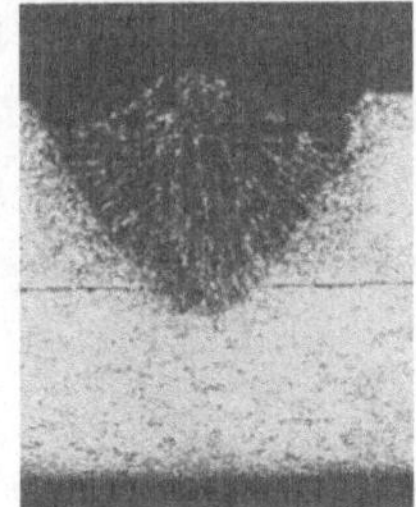 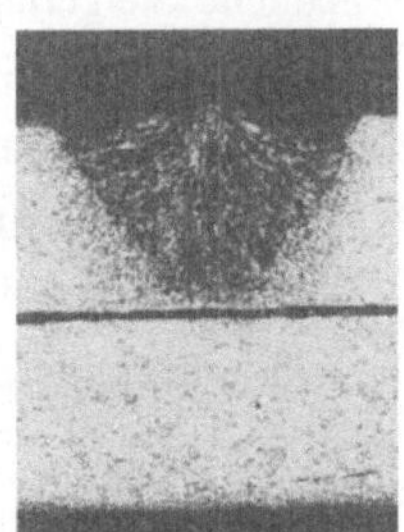

| v: 3 m/min | v: 4 m/min | v: 5 m/min | v: 6 m/min |
|:---:|:---:|:---:|:---:|
| (E: 77 J/mm) | (E: 57,8 J/mm) | (E: 46,2 J/mm) | (E: 38,5 J/mm) |

Bild 7.11:   Erzeugte Nahtquerschnittsformen bei einer Fokussierzahl von 8 und paralleler bzw. senkrechter Polarisation. Werkstücke: 2 * 1 mm Blech St 14.

Nahtquerschnitts birnenförmige Ausbauchungen sichtbar. Diese werden mit einer Beeinflussung der Schmelzzone durch die Kaustik des fokussierten Laserstrahls erklärt [7.7].

Bei einer Fokussierzahl von 8 ergeben sich insgesamt breitere Nahtquerschnitte, siehe Bild 7.11. Durchschweißungen mit paralleler Polarisation ergeben Nähte mit Y-förmigen Querschnitten. Bei Einschweißungen mit paralleler Polarisation und in allen Fällen einer senkrechten Polarisation ergeben sich V-förmige Nahtquerschnitte. Auffällig an den Oberraupen der mit senkrechter Polarisation bei dieser Fokussierzahl geschweißten Nähte sind die teilweise deutlichen Unterwölbungen von bis zu 0,15 mm.

Die Bilder 7.12 und 7.13 zeigen, daß unabhängig von der eingesetzten Fokussierzahl zur Erlangung einer bestimmten Nahttiefe mit paralleler Polarisation stets die geringsten

Streckenenergien notwendig sind. Gegenüber der zirkularen Polarisation werden die erforderlichen Streckenenergien um etwa 20 % reduziert. Mit senkrechter Polarisation sind die höchsten Streckenenergien erforderlich. Die mit zirkularer Polarisation erzielten Nahttiefen liegen näher zum Fall einer parallelen Polarisation als zu dem einer senkrechten. Umgekehrt liegen die erzielten Nahttiefen im Falle einer 45°-Polarisation näher zum Fall einer senkrechten Polarisation, als zu dem einer parallelen. Wird nicht durchgeschweißt, so zeigt sich zwischen der Streckenenergie und der Nahttiefe bei allen Polarisationen ein annähernd linearer Zusammenhang.

Die mit paralleler und zirkularer Polarisation erhaltenen Nahtbreiten in der Stoßebene unterscheiden sich nur gering, was in den Bildern 7.14 und 7.15 zu erkennen ist. Eine erhebliche Steigerung der Nahtbreite ergibt sich durch eine Verdrehung der Polarisations-richtung zur Schweißrichtung. Die größten Nahtbreiten ergeben sich bei einer senkrecht zur Schweißrichtung stehenden Polarisation. Auf diese Weise sind mit F=4 Nahtbreiten von bis zu knapp einem Millimeter, mit F=8 bis zu knapp 1,5 mm erreichbar. Gegenüber dem Fall einer zirkularen Polarisation bedeutet dies eine Steigerung der maximal möglichen Naht-breiten um jeweils ca. 70 %.

Im Bild 7.14 (F=4) ist für die Kurven der 45°-Polarisation und der senkrechten Polarisation, im Bild 7.15 (F=8) für alle Kurven ein ausgeprägter Maximalpunkt in den Kurvenverläufen sichtbar. Die Deutlichkeit der Ausprägung dieses Punktes einer maximalen Nahtbreite gewinnt offensichtlich bei Erhöhung der Fokussierzahl und bei Senkrechtstellung der Polarisation an Deutlichkeit. Bild 7.16 zeigt für eine einzelne Kurve exemplarisch, daß der Bereich des Nahtbreitenmaximums mit dem Streckenenergiebereich zusammenfällt, in dem bereits eine hohe Nahttiefe, jedoch noch keine Durchschweißung erzielt wird.

Bei Verwendung einer 45°-Polarisation zeigt sich im Falle tiefer Einschweißungen häufig eine geringe Unsymmetrie der Nahtquerschnitte, wie sie in Bild 7.17 erkennbar ist. Eine vermutete Ursache hierfür ist der Absorptionsmechanismus der Laserstrahlung in der Dampf-kapillaren, wie er in Kapitel 3.1 erläutert wurde. Bei Polarisationsrichtungen, die zwischen den Extremwerten 0° und 90° zur Schweißrichtung liegen, wird die Laserstrahlung an der Kapillarvorderfront unsymmetrisch zur Schweißrichtung absorbiert, was eine entsprechend unsymmetrische Ausbildung der Kapillaren und des Schmelzbades zur Folge hat.

In Bild 7.18 sind einige der während der Reihenuntersuchungen über den Nahtquerschnitt gemessenen Härteverläufe dargestellt. Ein Vergleich der darin abgebildeten Kurven Nr.2,

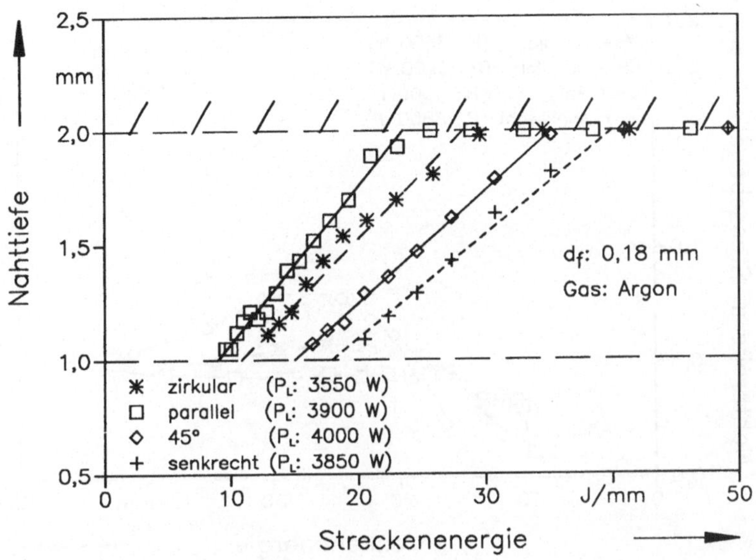


Bild 7.12: Nahttiefen beim Überlappschweißen von 2 * 1 mm Blech St 14 in Abhängigkeit von der Polarisation bei F=4.

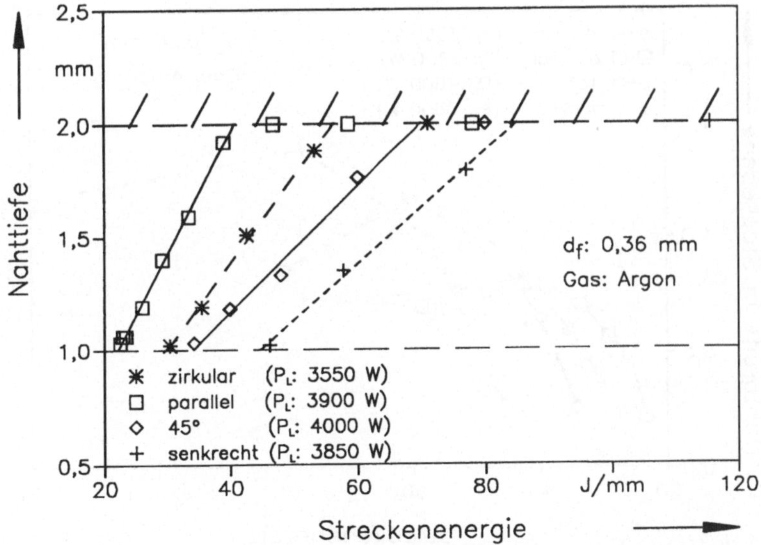


Bild 7.13: Nahttiefen beim Überlappschweißen von 2 * 1 mm Blech St 14 in Abhängigkeit von der Polarisation bei F=8.

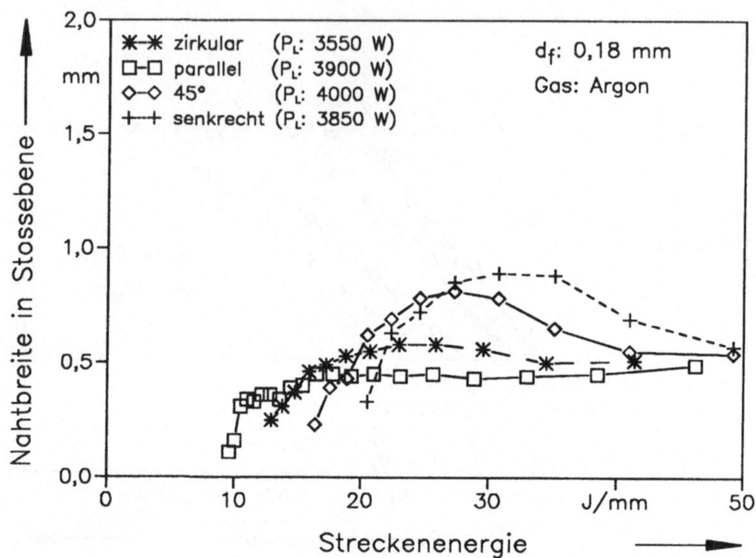


Bild 7.14:     Nahtbreiten in der Stoßebene beim Schweißen von 2 * 1 mm Blech St 14 in Abhängigkeit von der Polarisation bei F=4.

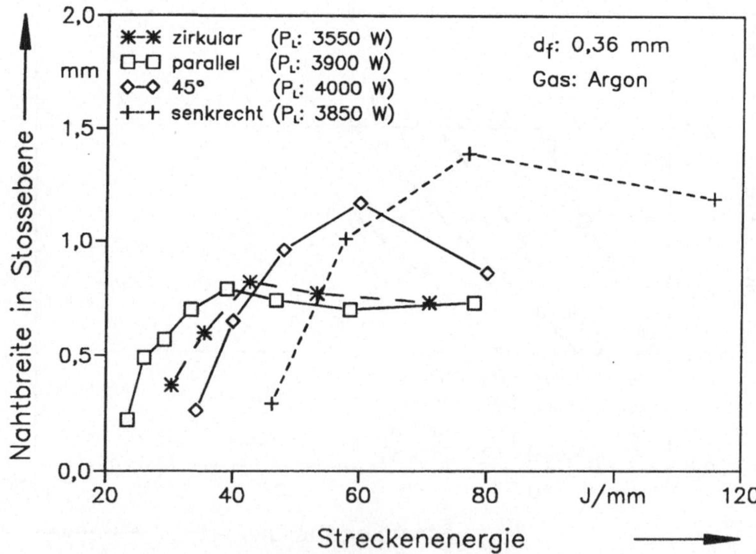


Bild 7.15:     Nahtbreiten in der Stoßebene beim Schweißen von 2 * 1 mm Blech St 14 in Abhängigkeit von der Polarisation bei F=8.

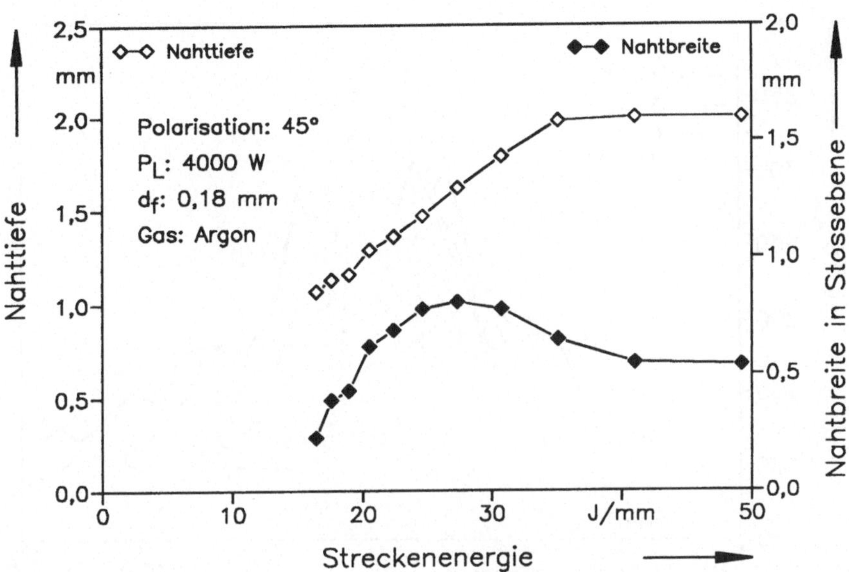


Bild 7.16:    Gegenüberstellung der Verläufe von Nahttiefe und Nahtbreite in der Stoßebene beim Überlappschweißen von 2 * 1 mm Blech St 14.

Nr.3 und Nr.4 zeigt zusammen mit einem Quervergleich zu den Nahtbreitendiagrammen 7.14 und 7.15, daß nicht die Streckenenergie, sondern die Breite der Wärmeeinbringung - erkennbar an den Nahtbreiten - der entscheidende Einflußfaktor auf die erzeugte Maximalhärte ist.

So zeigt ein Vergleich der Kurven Nr.2 und Nr.3, daß bei identischen Fokusdurchmessern und ähnlichen Streckenenergien sich abhängig von der Polarisation deutliche Unterschiede in den Maximalhärten und in den Breiten der aufgehärteten Zonen ergeben.

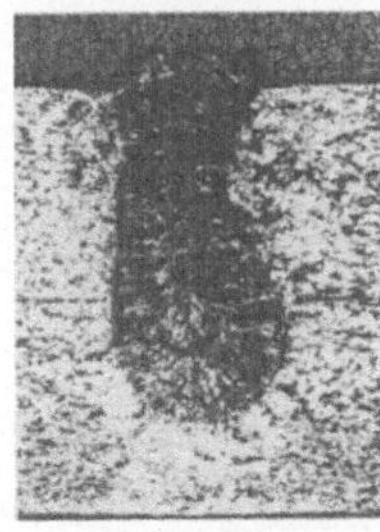

Ein Vergleich der Kurven Nr.3 und Nr.4 zeigt demgegenüber, daß auch bei deutlich differierenden Fokusdurchmessern und Streckenenergien sich abhängig von der Polarisation sehr ähnliche Maximalhärten und Breiten der aufgehärteten Zonen ergeben können.

Bei Verwendung eines Fokusdurchmessers von 0,18 mm (F=4) und einer senkrecht zur Schweißrichtung orientierten Polarisation (Kurve Nr.3) ergeben sich ebenso wie bei

Bild 7.17: Unsymmetrischer Nahtquerschnitt bei 45°-Polarisation.

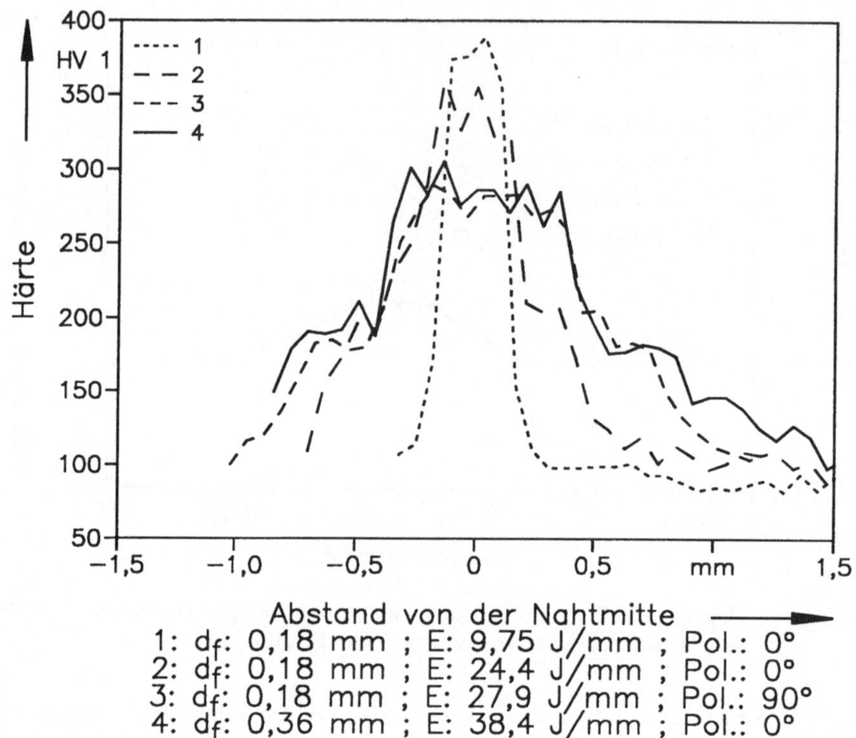


1: d$_f$: 0,18 mm ; E: 9,75 J/mm ; Pol.: 0°
2: d$_f$: 0,18 mm ; E: 24,4 J/mm ; Pol.: 0°
3: d$_f$: 0,18 mm ; E: 27,9 J/mm ; Pol.: 90°
4: d$_f$: 0,36 mm ; E: 38,4 J/mm ; Pol.: 0°

Bild 7.18:      Härteverläufe, gemessen an Querschliffen lasergeschweißter Überlappnähte aus
                zwei 1 mm Blechen St 14.

einem Fokusdurchmesser von 0,36 mm (F=8, Kurve Nr.4) Maximalhärten von etwa 300 HV.
Mit einem Fokusdurchmesser von 0,18 mm und parallel zur Schweißrichtung orientierter
Polarisation (Kurven Nr.1 und Nr.2) ergeben sich höhere Maximalhärten, die bis zu
annähernd 100 % der Martensithärte des St 14 erreichen.


### 7.1.3.3      Einfluß von Fügespalten

Fügespalte beim Überlappschweißen von unbeschichteten Blechen St 14 treten meist
ungewollt aufgrund unzureichender Vorbereitung der zu fügenden Bleche auf. Untersucht
wurde, inwieweit Fügespalte eine Nahtunterwölbung durch in den Fügespalt abfließendes
Schmelzvolumen verursachen. Dieser Mechanismus ist in Bild 7.19 schematisch dargestellt.

Weiterhin wurde der Einfluß von Fügespalten auf die für die Festigkeit einer Schweißverbindung relevante Nahtbreite in der Stoßebene untersucht. Gemessen wurde dabei, wie in Bild 7.19 dargestellt, die kleinste Verbindungsbreite.

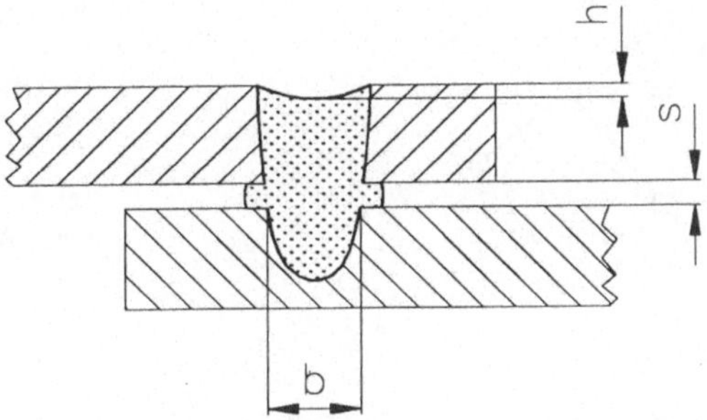


Bild 7.19:      Schematische Darstellung einer mit Fügespalt geschweißten Überlappnaht.

Um für die Untersuchungen exakte und reproduzierbare Fügespaltweiten zu erreichen, wurden die Spalte durch zwischen die Schweißbleche gelegte Blechstreifen definierter Dicke erzeugt. Der Blechstoß wurde anschließend in fester Einspannung zusammengehalten, um Beeinflußungen der eingestellten Fügespaltweiten durch andere Einflüße zu vermeiden.

Bild 7.20 zeigt den Zusammenhang zwischen Fügespaltweite und Nahtunterwölbung für F=4 bei paralleler und senkrechter Polarisation. Bei Schweißungen ohne Fügespalte mit einer Fokussierzahl von 4 traten keine Nahtunterwölbungen auf, was bereits in Bild 7.11 erkennbar war. Fügespalte von 0,1 mm bzw. 0,2 mm verursachen Nahtunterwölbungen, die von der Schweißgeschwindigkeit (Streckenenergie) und der Polarisation abhängig sind. Dabei bewirkt eine senkrechte Polarisation tendenziell größere Nahtunterwölbungen. Diese Tendenz war für F=8 schon bei Schweißungen ohne Fügespalt zu erkennen, siehe Bild 7.12.

Bei paralleler Polarisation kann im Falle einer Fokussierzahl von 4 bei einer Fügespaltweite von 0,1 mm noch geschweißt werden, ohne daß nennenswerte Nahtunterwölbungen auftreten. Fügespalte von 0,2 mm führen zu Nahtunterwölbungen größer als 0,1 mm, siehe Bild 7.20. Wie aus Bild 7.21 zu entnehmen ist, führen bei F=8 0,2 mm große Fügespalte zu geringeren Nahtunterwölbungen als bei F=4.

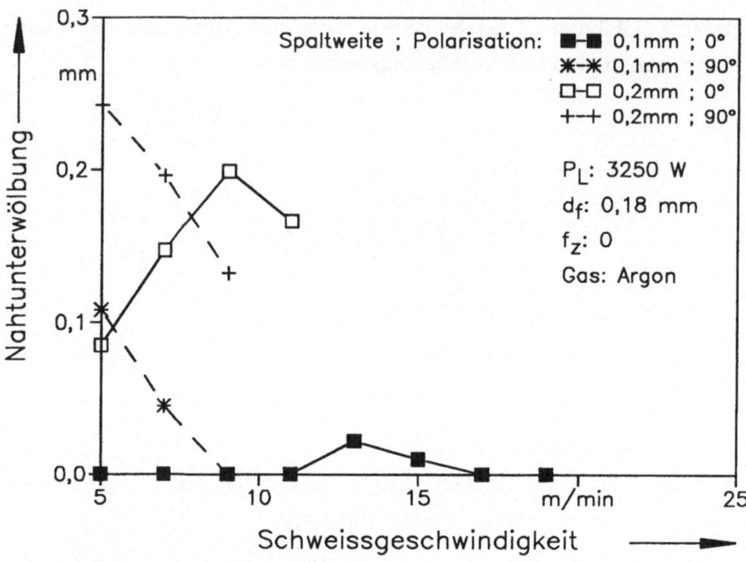


Bild 7.20:     Einfluß der Fügespaltweite auf die Nahtunterwölbung bei F=4 und paralleler bzw. senkrechter Polarisation.

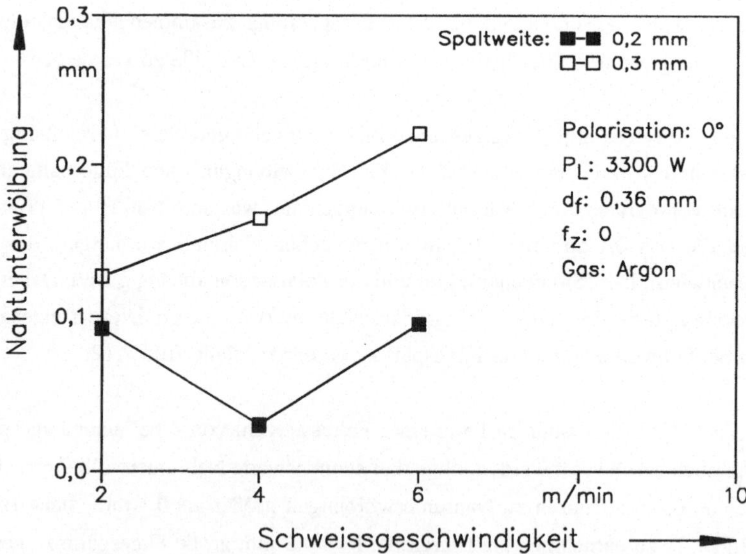


Bild 7.21:     Einfluß der Fügespaltweite auf die Nahtunterwölbung bei F=8 und paralleler Polarisation.

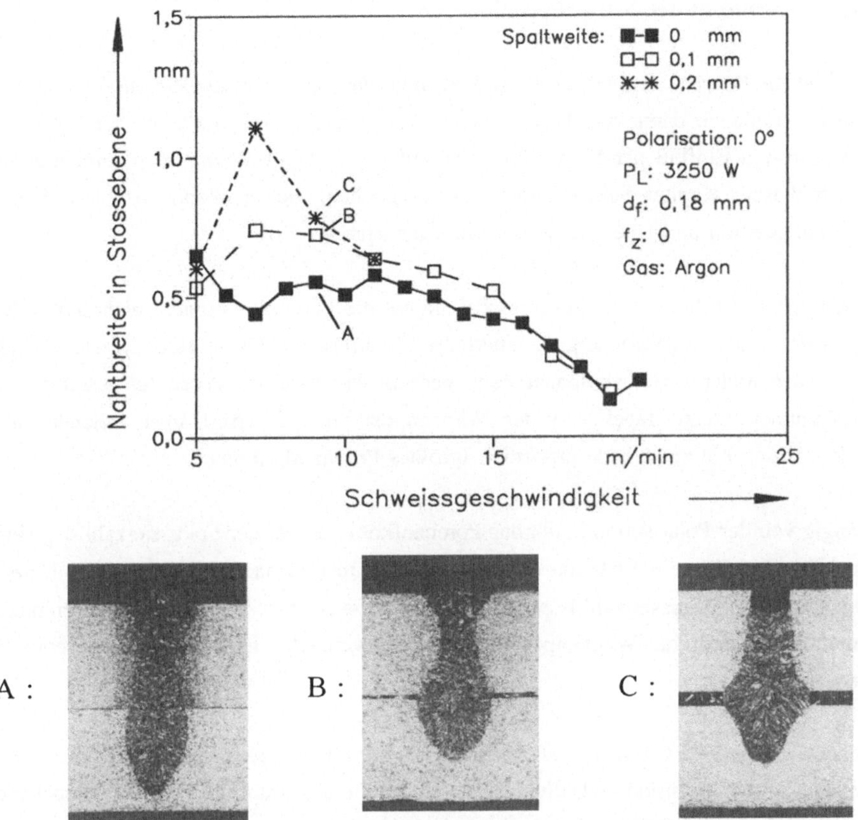



A :                     B :                     C :

Bild 7.22:      Einfluß der Fügespaltweite auf die Nahtbreite in der Stoßebene bei F=4 und
paralleler Polarisation. Darstellung exemplarischer Nahtquerschnitte.

Bild 7.22 dokumentiert, daß die Fügespalte zu einem geringfügigen Anwachsen der Nahtbreite in der Stoßebene führen. Um die Formen der entstehenden Nahtquerschnitte zu
illustrieren, sind darin Schliffbilder von Schweißungen mit dargestellt, die mit unterschiedlichen Fügespaltweiten, jedoch identischer Schweißgeschwindigkeit (Streckenenergie) erzeugt
wurden. Bei einem Fügespalt von 0,2 mm ist zu erkennen, daß die entstehende große
Nahtunterwölbung über die gesamte Nahtbreite vorhanden ist und dadurch deutliche Kerben
beim Übergang zum Grundwerkstoff entstehen.

Die Grenze für eine erfolgreiche Schweißung (Erfüllung der Bewertungsgruppe B nach
DIN 8563), bei der derartige Kerben vermieden werden, liegt für F=4 bei Fügespaltweiten
von 0,1 mm, für F=8 bei 0,2 mm.

### 7.1.3.4        Einfluß der Schweißposition

Bei räumlichen Bearbeitungsaufgaben, welche den typischen Einsatzbereich für robotergeführte Laseranlagen darstellen, kommt es zwangsweise zu Veränderungen der Schweißposition. Um den Einfluß der Schweißposition auf die Nahtausbildung zu dokumentieren, werden in diesem Kapitel Schweißergebnisse verglichen, die in Wannenposition, Steigposition, Fallposition und Überkopfposition erzeugt wurden [7.8].

Einen deutlichen Einfluß übt die Schweißposition auf die Porenbildung aus. Während in der Wannenposition bei Streckenenergien unterhalb 100 J/mm die Nähte stets porenfrei sind, werden in den anderen Schweißpositionen oberhalb ca. 30 J/mm Poren festgestellt. Das Porenaufkommen steigt dabei von der Wannenposition (porenfrei) über fallende und steigende Position hin zur Überkopfposition (größtes Porenaufkommen).

Unabhängig von der Polarisation bleibt das Porenaufkommen bei der Fokussierzahl 4 gering und die Nähte erfüllen die Kriterien der Bewertungsgruppe B nach DIN 8563. Bei Untersuchungen mit der Fokussierzahl 8 zeigte sich ein wesentlich stärkeres Porenaufkommen. Dort konnten außerhalb der Wannenposition keine Schweißnähte nach Bewertungsgruppe B erzeugt werden.

Die Bilder 7.23 und 7.24 zeigen, daß bei Fokussierzahl 4 und paralleler Polarisation kein Einfluß der Schweißposition auf die Nahttiefen und die Nahtbreiten in der Stoßebene festgestellt wird. Bei Schweißungen mit Fokussierzahl 4 und senkrechter Polarisation, Bilder 7.25 und 7.26, zeigt sich ein Einfluß der Schweißposition auf Nahttiefe und Nahtbreite in der Stoßebene, wie er auch im Rahmen von Untersuchungen mit F=8 festgestellt wurde. Die in ihrem Verlauf durchweg ähnlichen Kurvenzüge in den Bildern 7.25 und 7.26 sind entlang der Achse der Streckenenergie parallel verschoben. Dies bedeutet, daß zur Erreichung einer bestimmten Nahttiefe (Bild 7.25) in der Wannenposition die geringste Streckenenergie und in der Überkopfposition die höchste Streckenenergie notwendig ist. Bei in steigender und in fallender Position geschweißten Nähten werden jeweils ähnliche Streckenenergien benötigt. Ein Quervergleich zu Bild 7.26 zeigt, daß unabhängig von der Schweißposition bei gleichen Nahttiefen auch gleiche Nahtbreiten erzeugt werden.

Eine Erklärung für die unterschiedlichen Höhen der benötigten Streckenenergien muß in den sich jeweils unterscheidenden Einwirkungsrichtungen der Schwerkraft relativ zur Richtung des Laserstrahls gesucht werden. In der Überkopfposition, bei der die höchsten Energien

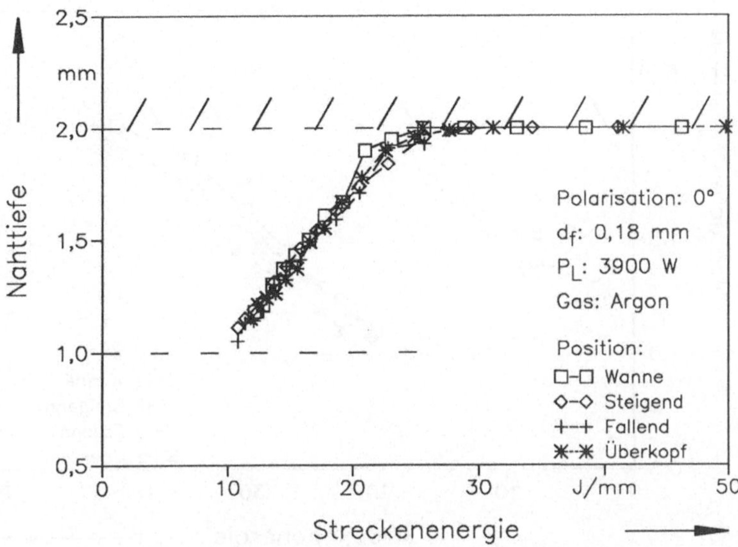



Bild 7.23:   Nahttiefen in Abhängigkeit von der Schweißposition bei F=4 und paralleler Polarisation.

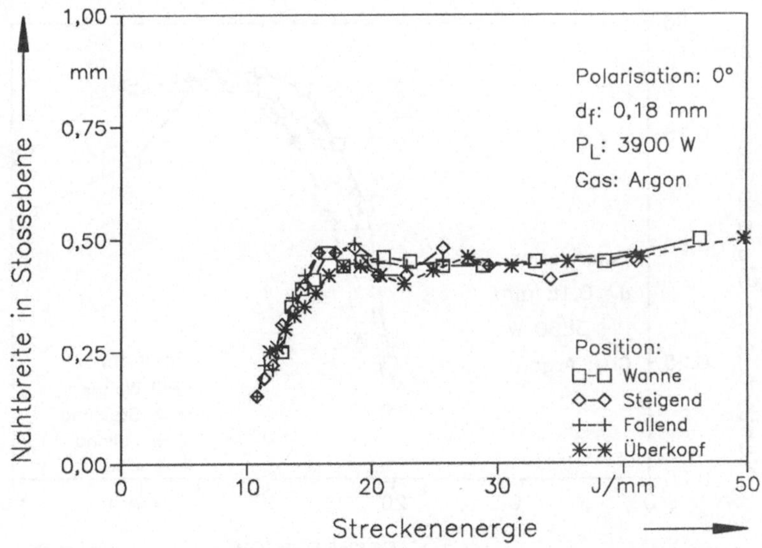



Bild 7.24:   Nahtbreiten in der Stoßebene in Abhängigkeit von der Schweißposition bei F=4 und paralleler Polarisation.

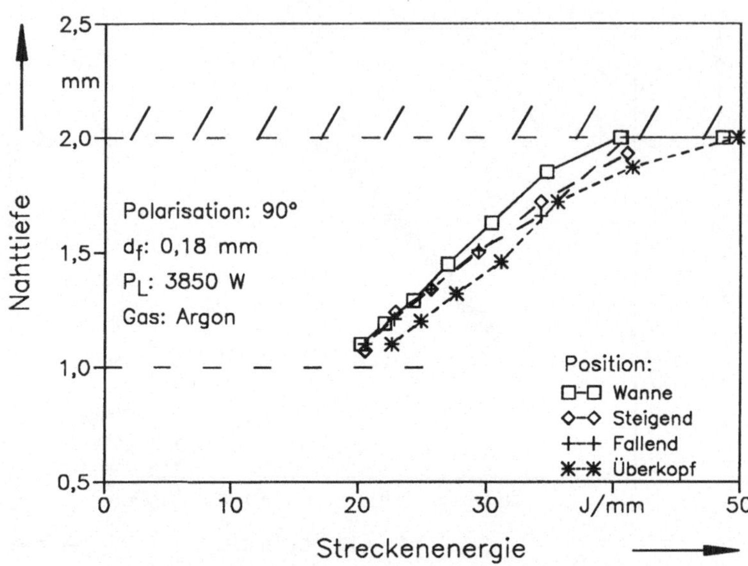


Bild 7.25:    Nahttiefen in Abhängigkeit von der Schweißposition bei F=4 und senkrechter Polarisation.

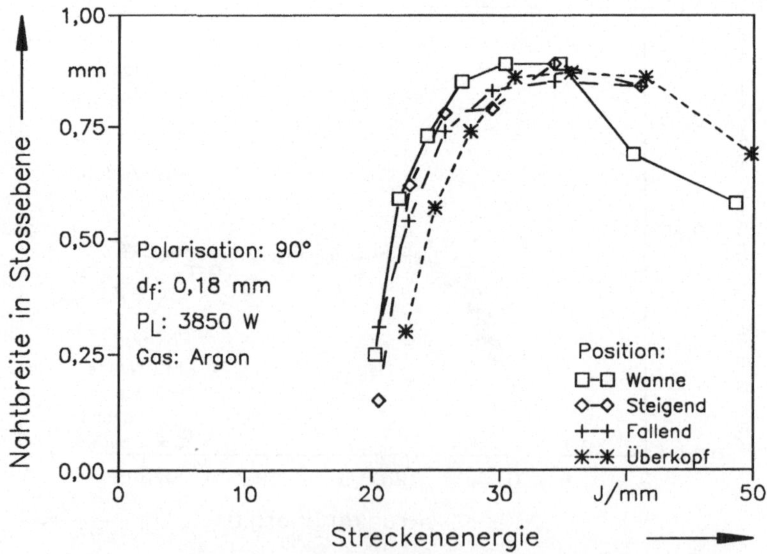


Bild 7.26:    Nahtbreiten in der Stoßebene in Abhängigkeit von der Schweißposition bei F=4 und senkrechter Polarisation.

benötigt werden, wirkt die auf die Schmelze ausgeübte Schwerkraft der Entstehung und Aufrechterhaltung der durch den Laserstrahl im Werkstoff gebildeten Dampfkapillare entgegen. Bei F=4 und paralleler Polarisation (Bilder 7.23 und 7.24) treten durch die Schwerkraft induzierte Effekte kaum in Erscheinung, was durch geringere Schmelzvolumina erklärbar ist, für welche dort auch die geringeren Nahtbreiten ein Indiz liefern.


### 7.1.3.5       Prozeßwirkungsgrad

Die Ermittlung des Prozeßwirkungsgrades dient zur Abschätzung der Effektivität bei der Erschmelzung von Schweißnahtvolumen durch die Laserstrahlenergie. Der Prozeßwirkungsgrad ist definiert als der Quotient aus der zur Erschmelzung des gemessenen Nahtvolumens notwendigen Energie und der auf das Werkstück eingestrahlten Laserstrahlenergie. Die Gleichung zu seiner Ermittlung lautet:

$$\eta = \frac{A * v}{P_L} * \varrho * (c_p * (T_{sch} - T) + q_{sch}) * 100 \quad [\%] \qquad (7.1)$$

worin  $\eta$ :     Prozeßwirkungsgrad
       A :     Nahtquerschnittsfläche
       v :     Schweißgeschwindigkeit
      $P_L$ :     Laserleistung am Werkstück
      $\varrho$ :     Dichte (Stahl: 7 850 kg/m$^3$)
      $c_p$ :     spezifische Wärmekapazität (Stahl: 490 J/kgK)
      $T_{sch}$ :     Schmelztemperatur (Stahl: 1733 K)
      T :     Raumtemperatur (293 K)
      $q_{sch}$ :     spezifische Schmelzwärme (Stahl: 205 000 J/kg) .

Zur Bestimmung der Nahtquerschnittsfläche wurde die mittlere Breite der Querschnitte gemessen, die nicht mit der Nahtbreite in der Stoßebene identisch ist.

Die Bilder 7.27 und 7.28 zeigen für die in Wannenposition und ohne Fügespalte erzeugten Schweißergebnisse aus den Reihenuntersuchungen, welche in Kapitel 7.1.3.2 vorgestellt wurden, die bei den Fokussierzahlen 4 und 8 sich abhängig von der Polarisation ergebenden Prozeßwirkungsgrade. Die Kurvenverläufe in den Bildern lassen sich in zwei Bereiche aufteilen, den Bereich einer Einschweißung und den Bereich einer Durchschweißung. Die Bereiche sind in den Bildern durch unterschiedliche Linientypen gekennzeichnet.

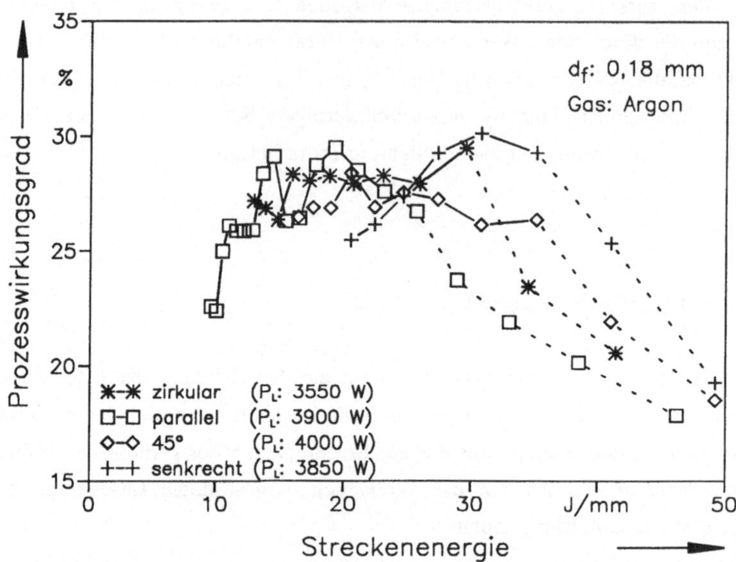


**Bild 7.27:**      Prozeßwirkungsgrade abhängig von der Polarisation bei F=4. Durchgezogene Linien: Einschweißungen. Gestrichelte Linien: Durchschweißungen.

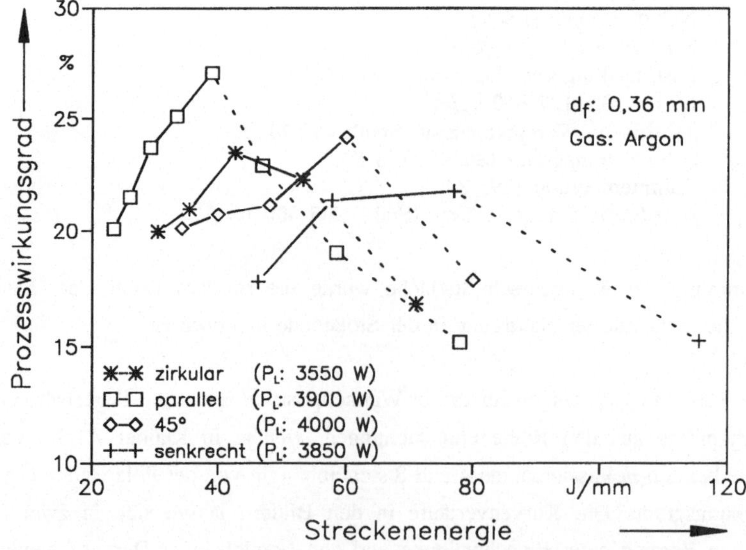


**Bild 7.28:**      Prozeßwirkungsgrade abhängig von der Polarisation bei F=8. Durchgezogene Linien: Einschweißungen. Gestrichelte Linien: Durchschweißungen.

Aus einer Abschätzung erzielbarer Prozeßdaten mittels Energiebetrachtungen [2.1] läßt sich nach Umformungen der hier geltende Zusammenhang zwischen dem Prozeßwirkungsgrad $\eta$, der auf das Werkstück aufgestrahlten Streckenenergie E und den durch Reflexion oder Wärmeleitung verursachten Streckenenergieverlusten $E_V$ herleiten:

$$\eta + \frac{E_V}{E} = const. \tag{7.2}$$

Bei Einschweißungen (durchgezogene Kurvenlinien) ergeben sich mit zunehmender Streckenenergie Anstiege der Prozeßwirkungsgrade. Die Anstiege sind im Fall F=4 flacher als bei F=8, jedoch bei insgesamt höheren Werten für $\eta$. Anstiege von $\eta$ lassen nach Gleichung (7.2) auf entsprechende Abnahmen der Verluste $E_V$ an der gesamten Streckenenergie E schließen.

Eine Erklärung der Anstiege ist durch den in Kapitel 3.1.2 erläuterten Vielfachreflexionsmechanismus bei der Absorption der Laserstrahlung in der Dampfkapillaren möglich. So steigt offensichtlich bei geringen Schachtverhältnissen der Kapillare die Gesamtabsorption der Laserstrahlung mit zunehmender Kapillartiefe, aufgrund wachsender Schachtverhältnisse, erst noch an. Ein Indiz dafür, daß bei kleinen Streckenenergien geringere Kapillartiefen und damit Schachtverhältnisse bestehen, sind die in den Bildern 7.12 und 7.13 dokumentierten geringeren Nahttiefen.

Die bei F=8 kleineren Werte für $\eta$ gegenüber dem Fall F=4 können erklärt werden durch erheblich geringere Schachtverhältnisse, die sich aufgrund des doppelt so großen Fokusdurchmessers ergeben. Eine weitere Erklärung ist durch größere Wärmeleitungsverluste gegeben, die sich durch die längeren Wechselwirkungszeiten infolge der höheren benötigten Streckenenergien ergeben.

Ab dem Punkt einer Durchschweißung steigen bei weiterer Erhöhung der Streckenenergie die Streckenenergieverluste $E_V$ wegen des Austrittes von Laserstrahlenergie auf der Wurzelseite der Werkstücke an. Entsprechend führt dies zu einer Verringerung der Prozeßwirkungsgrade. Die Streckenenergiewerte, die zu einem Maximum der Prozeßwirkungsgrade führen, liegen daher im Bereich der Einschweißungen.

Bei F=4 (Bild 7.27) ergeben sich für alle Polarisationen etwa gleich hohe Maximalwerte für die Prozeßwirkungsgrade von jeweils ca. 30 %. Bei F=8 (Bild 7.28) ergeben sich niedrigere Maximalwerte, die eine Abhängigkeit von der Wechselwirkungszeit (Streckenenergie) und damit indirekt von der Polarisation aufweisen. Sie liegen zwischen 27 % bei paralleler Polarisation und aufgrund höherer Wärmeleitungsverluste nur 22 % bei senkrechter Polarisation.

## 7.2    I-Naht am Stumpfstoß

### 7.2.1  Anforderungen und Zielgrößen

Die I-Naht am Stumpfstoß stellt besonders hohe Anforderungen an die Führungsgenauigkeit des Laserstrahls entlang der Fügestellen. Die Höhe der Anforderung bei dieser Schweißgeometrie erwächst aus ihrem besonderen geometrischen Charakteristikum, einer parallel zur Wirkrichtung des Laserstrahls stehenden Stoßebene der Bleche.

Bild 7.29 illustriert, daß bei der I-Naht am Stumpfstoß die Fehlertoleranz gegenüber Fehlpositionierungen des Laserstrahls zur Stoßebene der Werkstücke in der zur Strahlachse senkrechten Richtung von der erzeugten minimalen Nahtbreite $b_{min}$ abhängig ist. Die Fehlpositionierungen der Strahlachse müssen auf jeden Fall geringer als $b_{min}/2$ bleiben.

Aus der Anforderung nach einer möglichst hohen Fehlertoleranz des Schweißverfahrens erwächst somit als Zielgröße die Erzeugung von Schweißnähten mit einer möglichst großen minimalen Nahtbreite. Um die Wärmeeinbringung in die Werkstücke möglichst gering zu halten, sollte die mittlere Nahtbreite die minimale Nahtbreite nicht wesentlich übersteigen. Die Nähte sollten also möglichst parallele Flanken aufweisen.

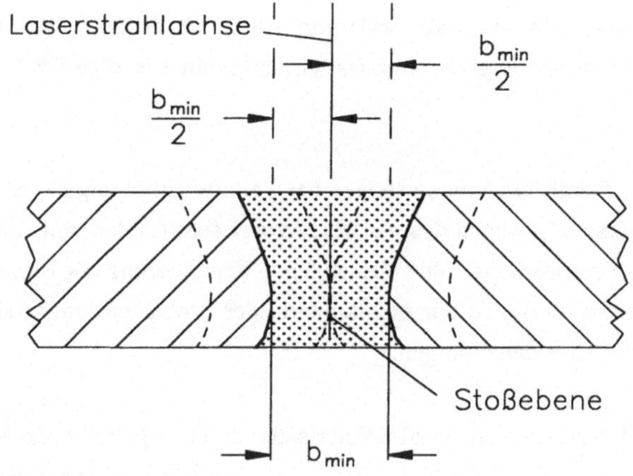


Bild 7.29:    I-Naht am Stumpfstoß: Abhängigkeit der tolerierbaren Fehlpositionierung zwischen Laserstrahlachse und Stoßebene von der minimalen Nahtbreite.

Eine grundsätzliche Zielgröße bei den Schweißuntersuchungen war, ähnlich wie bei der Liniennaht am Überlappstoß, die Erzeugung von Schweißnähten, welche die Kriterien der Bewertungsgruppe B nach DIN 8563 Teil 11 [7.6] erfüllen.


### 7.2.2   Verfahrensfolge Laserstrahlschneiden und Laserstrahlschweißen

Um die hohen Anforderungen an die Führungsgenauigkeit des Laserstrahls beim Stumpfschweißvorgang besser erfüllen zu können, wurde eine Verfahrensfolge aus Laserstrahlschneiden und Laserstrahlschweißen gewählt. Die aus drei Schritten bestehende Verfahrensfolge ist in Bild 7.30 schematisch dargestellt. Die ersten beiden Teilschritte bestehen aus Laserstrahlschneiden, der dritte aus Laserstrahlschweißen. Die Verfahrensfolge wurde an Portalanlagen bereits ausführlich untersucht [1.12]. Der hier untersuchte Einsatz im Zusammenhang mit einer Roboteranlage stellt jedoch aufgrund der geringeren Bahngenauigkeiten einen demgegenüber schwierigeren Einsatzfall dar.

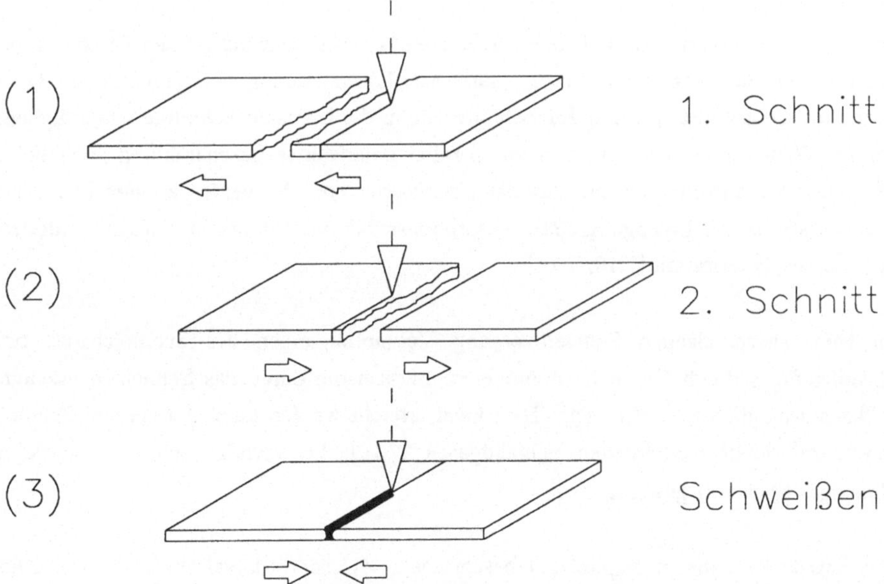


Bild 7.30:   Dreischrittige Verfahrensfolge aus Laserstrahlschneiden und Laserstrahlschweißen zur Erzeugung von Stumpfnahtverbindungen.

Das durch den Einsatz der Verfahrensfolge beabsichtigte Ziel - die Erhöhung der Verfahrenssicherheit während des Schweißvorganges - soll unter Ausnutzung der hohen Wiederholgenauigkeit der Roboteranlage beim Bahnfahren von 0,01 mm erreicht werden. Hierzu wird in
den ersten beiden Teilschritten der Laserstrahl zum Beschnitt der meist durch vorgelagerte
Stanz- oder Tiefziehbearbeitungen bestimmten Verläufe der Bauteilkanten genutzt. Auf diese
Weise soll eine bestmögliche Anpassung des Stoßverlaufes an die vom Roboter beim anschließenden Schweißen gefahrene Bahn und eine weitgehende Vermeidung von Fügespalten
zwischen den stumpf gestoßenen Werkstückkanten erreicht werden.

Da in der Verfahrensfolge Laserstrahlschneiden und Laserstrahlschweißen zweimal ein
Schneidvorgang enthalten ist, besteht eine Zielgröße beim Schneiden darin, möglichst hohe
Schnittgeschwindigkeiten zu realisieren, um damit die Wirtschaftlichkeit der Verfahrensfolge
in deutlicher Weise positiv zu beeinflussen.


### 7.2.3  Ergebnisse

#### 7.2.3.1      Schneiden

Ein Einfluß der Polarisation auf die erreichbaren Schnittgeschwindigkeiten ist seit langem
bekannt [7.9]. Bei Verwendung linear polarisierter Laserstrahlung werden durch eine Orientierung der Polarisation parallel zur Schnittrichtung die höchsten Schnittgeschwindigkeiten
erreicht. Weiterhin ist bekannt, daß mit parallel polarisierter Laserstrahlung auch höhere
Schnittgeschwindigkeiten als mit zirkular polarisierter erreicht werden können [7.10, 1.1].
Ursache dafür ist die Erzeugung eines Absorptionsmaximums an der Trennfugenvorderfront
bei paralleler Polarisation [7.10, 7.11].

Um beim anschließenden Schweißvorgang Verunreinigungen des Schmelzbades bzw.
Schweißgefüges durch Oxide zu minimieren, müssen die durch das Schneiden erzeugten
Stoßkanten möglichst oxidfrei sein. Dies kann erreicht werden durch Laserstrahl-Schmelzschnitte mit nicht oxidierenden Schneidgasen [7.12]. Im vorliegenden Fall wurde als
Schneidgas Stickstoff gewählt.

Zum Einsatz kam die in Kapitel 5.4 beschriebene Zweistrahl-Laval-Düse, die mit einem
Kesseldruck von 14 bar betrieben wurde. Die Ergebnisse einer zur Überprüfung der Düseneigenschaften durchgeführten Voruntersuchung zeigt Bild 7.31. Dabei wurde bei konstanter

Fokuslage die Zweistrahl-Laval-Düse in unterschiedlichen Abständen zum Werkstück montiert und jeweils die maximal erzielbare Schnittgeschwindigkeit ermittelt. Bild 7.31 zeigt eine nur geringe Abstandsempfindlichkeit der Düse, so daß in einem Variationsbereich von insgesamt 3 mm für die Montageposition der Düse die erzielbaren Geschwindigkeiten nur um 10 % variieren. Im Bild entspricht ein relativer Abstand zwischen Düse und Werkstück von 0 einem lichten Abstand der Düsenunterkante zur Werkstückoberfläche von 13,5 mm.

Die beim praktischen Betrieb von Laserstrahlschneidanlagen relevanten Ergebnisse zeigt Bild 7.32. Darin sind die maximal erreichbaren Schnittgeschwindigkeiten bei einer fest an die Fokussieroptik montierten Düse gezeigt, was dem Montagezustand an einer für die Produktion eingerichteten Laseranlage entspricht. Abstandsänderungen zwischen Bearbeitungskopf und Werkstück haben nun neben Änderungen des Düsenabstandes auch gleichzeitig Änderungen der Fokuslage zur Folge. Bild 7.32 zeigt, daß die höchste erreichte Schnittgeschwindigkeit bei der verwendeten Laserleistung von 3600 W 22 m/min betrug. Auch hier, bei der gleichzeitigen Variation von Düsenabstand und Fokuslage, zeigt sich eine relativ geringe Abstandsempfindlichkeit, so daß über einen Bereich von 1,5 mm die maximalen Schnittgeschwindigkeiten nur um 10 % variieren.

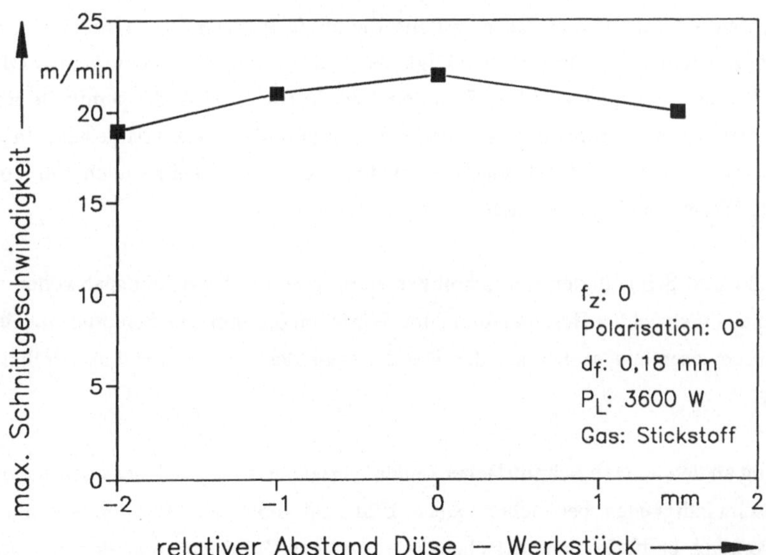


Bild 7.31:    Ergebnisse einer Voruntersuchung der Düse: Variation der Düsenposition bei konstanter Fokuslage ($f_z$=0). Zweistrahl-Laval-Düse, 1 mm Blech St 14.

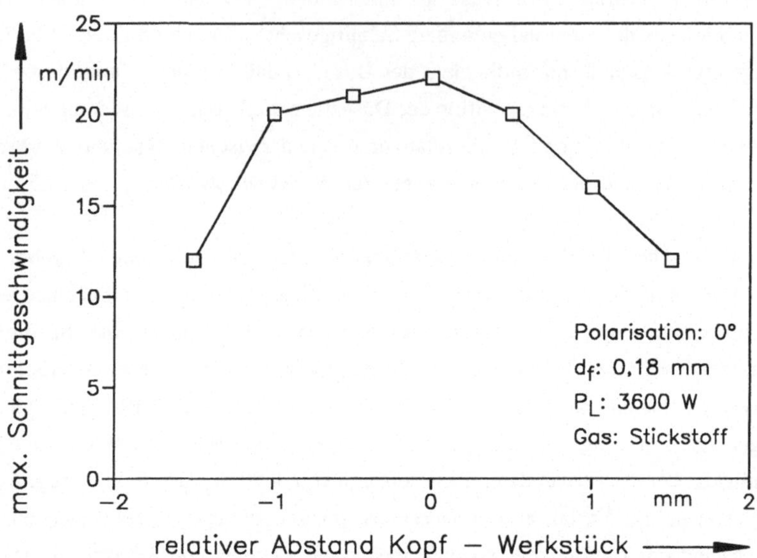


Bild 7.32:      Ergebnisse unter Betriebsbedingungen: Düse und Fokussieroptik sind fest mit-
                einander montiert und bilden den Bearbeitungskopf. Abstandsänderungen be-
                einflussen daher gleichzeitig Düsenabstand und Fokuslage (1 mm Blech St14).

Die erzeugten Schnitte wurden auf gemittelte Rauhtiefe $R_z$ nach DIN 4768 [7.13], Schnitt-
spaltweite, Bartbildung sowie Rechtwinkligkeits- und Neigungstoleranz u gemäß DIN 2310
Teil 5 [7.12] untersucht, siehe Bilder 7.33 und 7.34. In Bild 7.33 ist die gemittelte Rauhtiefe
$R_z$ der Schnittkanten in Abhängigkeit von der Schnittgeschwindigkeit dargestellt. In dem für
die Erzeugung der Schweißstoßkanten genutzten Geschwindigkeitsbereich um 20 m/min
werden $R_z$-Werte von 30 µm erreicht.

In Bild 7.34 sind Schliffbilder von Schnittkanten dargestellt. Als Schnittspaltweiten ergaben
sich bei allen untersuchten Geschwindigkeiten Werte um 0,2 mm. Die Schnittspaltweiten sind
damit nur unwesentlich größer als der Durchmesser der fokussierten Laserstrahlung von
0,18 mm.

Bartbildung an den unteren Schnittflächenkanten wurde nur im Bereich der höchsten erzielten
Schnittgeschwindigkeiten beobachtet, siehe Bild 7.34 links. Um für den anschließenden
Schweißvorgang bartfreie Schnittflächenkanten zu gewährleisten, war es notwendig, die
Schnittgeschwindigkeit um etwa 10 % unter den maximal möglichen Wert abzusenken.

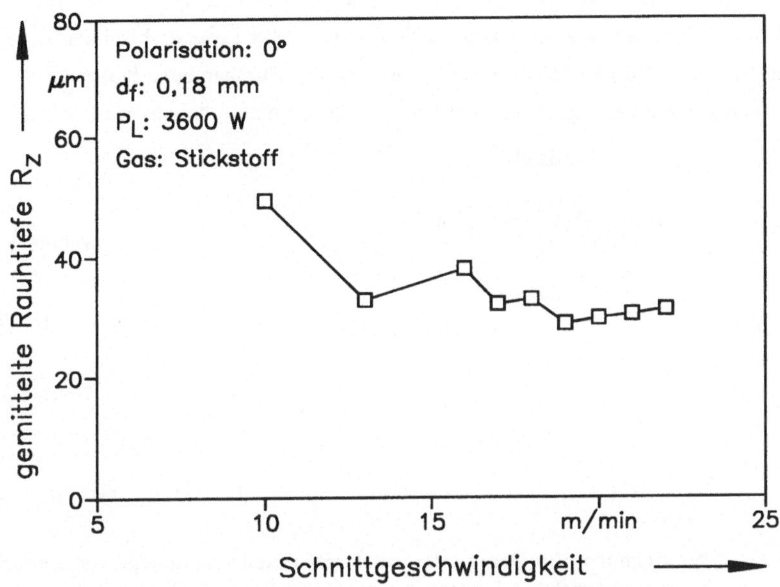

Bild 7.33:       Gemittelte Rauhtiefen $R_z$ an den erzeugten Schnittkanten.

Die Rechtwinkligkeits- und Neigungstoleranz u der Kanten wurde gemäß DIN 2310 Teil 5 gemessen und bewertet. Für u ergaben sich Werte zwischen 30 und 70 µm, weshalb alle Schnitte die beste Bewertung "Güte I" erreichten.

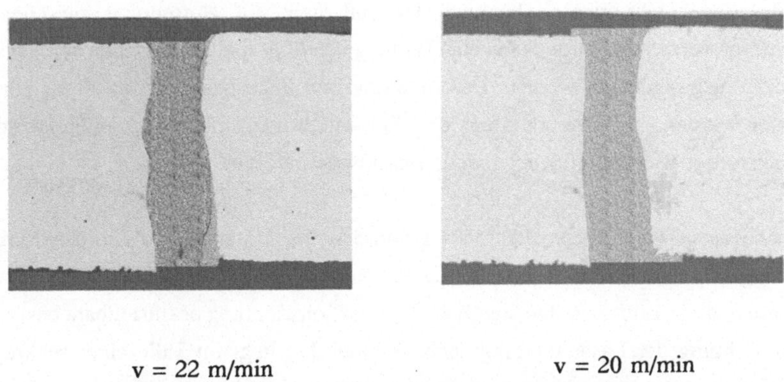


Bild 7.34:       Schliffbilder der Schnittkantenprofile lasergeschnittener 1 mm Bleche St 14. Darstellungen mit maßstäblichen Schnittspaltweiten.

Bild 7.35 zeigt nach DIN 4774 [7.14] ermittelte Welligkeitsprofile lasergeschnittener Schnittkanten. Das Bild läßt erkennen, daß die durch das Laserstrahlschneiden zur Stoßkantenerzeugung verfolgten Ziele einer Anpassung des Stoßkantenverlaufes an die wellige Roboterbahn sowie einer fugenfreien Passung der Stoßkanten in hohem Maß erreicht werden.

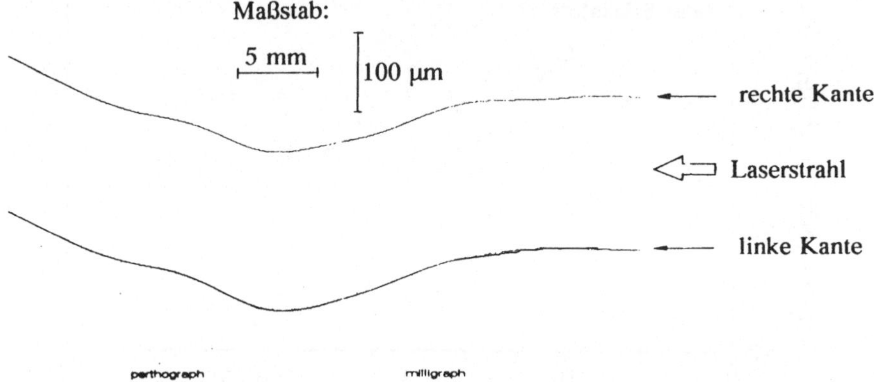


Bild 7.35:     Welligkeitsprofile der mit der robotergeführten Laseranlage erzeugten Schnittkanten. Ortsrichtige Darstellung gegenüberliegender Kantenbereiche.


### 7.2.3.2     Schweißen

Die im Stumpfstoß zu schweißenden Bleche wurden in einem Spannmittel zur Schweißung vorbereitet, bei welchem in der Blechebenenrichtung nur geringe, jedoch reproduzierbare Spannkräfte aufgebracht werden konnten. Da außerdem auf Heftpunkte zwischen den Schweißblechen verzichtet wurde, kann eine Bildung von Fügespalten zwischen den Schweißblechen nicht ausgeschlossen werden. Das Maß etwaiger Fügespalte darf dabei als konstant angenommen werden, da die mindestens drei Schweißproben, die bei jeder Parametereinstellung angefertigt wurden, gleichbleibende Ergebnisse lieferten.

Das Vorhandensein von Fügespalten läßt grundsätzliche Unterschiede für das Maß der Streckenenergieverluste in den Fällen einer parallelen bzw. senkrechten Polarisation erwarten. Zur Erläuterung dient Bild 7.36. Die durch die Polarisationsrichtung beeinflußbare bevorzugte Absorptionsrichtung der Laserstrahlung, siehe Kapitel 3.1, liegt im Falle einer senkrechten Polarisation an den Werkstückkanten der Bleche, was zu einer hohen Absorption dort führt. Im Falle einer parallelen Polarisation liegen die Werkstücke in der für die Absorption

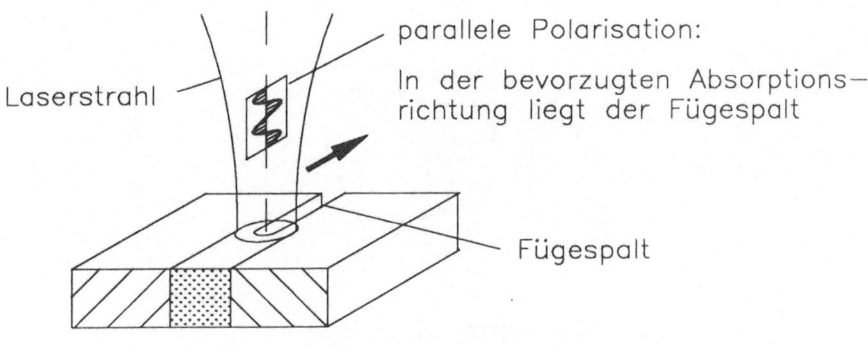



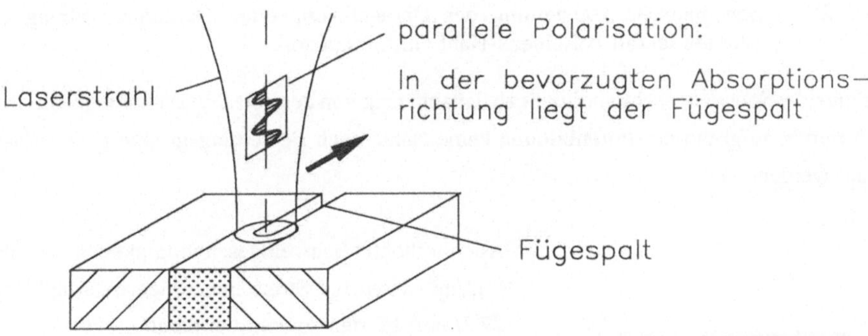



Bild 7.36:    Beeinflussung der Absorptionsverhältnisse durch die Polarisationsrichtung beim Schweißen von I-Nähten an Stumpfstößen mit Fügespalten (Pfeile: Schweißrichtung).

ungünstigen Richtung. In der bevorzugten Absorptionsrichtung ist hier kein Werkstoff, sondern der Fügespalt, durch welchen die Strahlenergie ungenutzt hindurchtritt.

Die Schweißuntersuchungen hatten zum Ziel, bei paralleler und bei senkrechter Polarisation Verfahrensparameterbereiche zu ermitteln, in denen die Erzeugung von Schweißnähten nach Bewertungsgruppe B der DIN 8563 möglich ist. Wie sich herausstellte, führten dabei fallweise die Kriterien Porenbildung oder Nahtunterwölbung bzw. Wurzelrückfall, siehe Bild 7.37, zur Nichterreichung dieses Ziels.

So neigten Nähte, die mit Schweißgeschwindigkeiten unterhalb 5 m/min (Streckenenergien oberhalb 50 J/mm) erzeugt wurden, zur Bildung von Poren. Die Porenneigung nahm mit

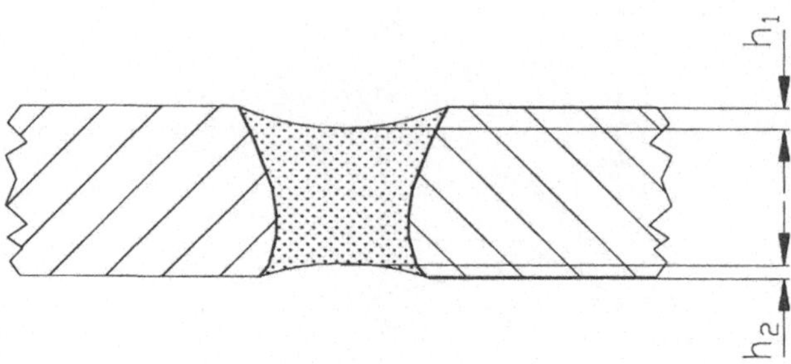



Bild 7.37:　　　Schematische Darstellung der Unregelmäßigkeiten Nahtunterwölbung und Wurzelrückfall bei einer I-Naht am Stumpfstoß.

abnehmender Schweißgeschwindigkeit zu. Unabhängig von der Polarisation konnten unterhalb von 5 m/min aufgrund der Porenbildung keine Nähte nach Bewertungsgruppe B zuverlässig erzeugt werden.

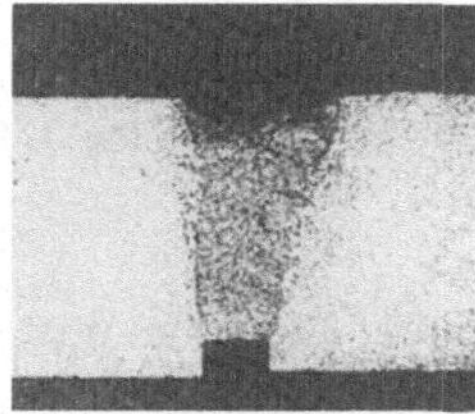

Bild 7.38: Naht unzureichender Güte ($P_L$: 3500 W, v: 11 m/min, parallele Polarisation).

Auch erhöhte Schweißgeschwindigkeiten ab etwa 8 m/min (niedrige Streckenenergien unterhalb etwa 27 J/mm) führten sowohl bei paralleler als auch bei senkrechter Polarisation zu keiner zuverlässigen Erreichung der Bewertungsgruppe B. Ursachen dafür waren starke Nahtunterwölbungen bzw. Wurzelrückfälle, die kerbartig bis zum Rand des unaufgeschmolzenen Grundwerkstoffes reichten, siehe Bild 7.38. Der Mangel an Schmelzvolumen ist durch die geringen Streckenenergien erklärbar, im Falle paralleler Polarisation verbunden mit ungünstigen Absorptionsverhältnissen an den Werkstückkanten, siehe Bild 7.36.

Im Schweißgeschwindigkeitsbereich zwischen 5 und knapp 8 m/min und einem Fokuslagenbereich von $f_z$ = ±1 mm konnten sowohl mit paralleler als auch mit senkrechter Polarisation zuverlässig Nähte nach Bewertungsgruppe B erzeugt werden. Bild 7.39 zeigt die dabei abhängig von der Polarisationsrichtung sich ergebenden Nahtquerschnittsformen.

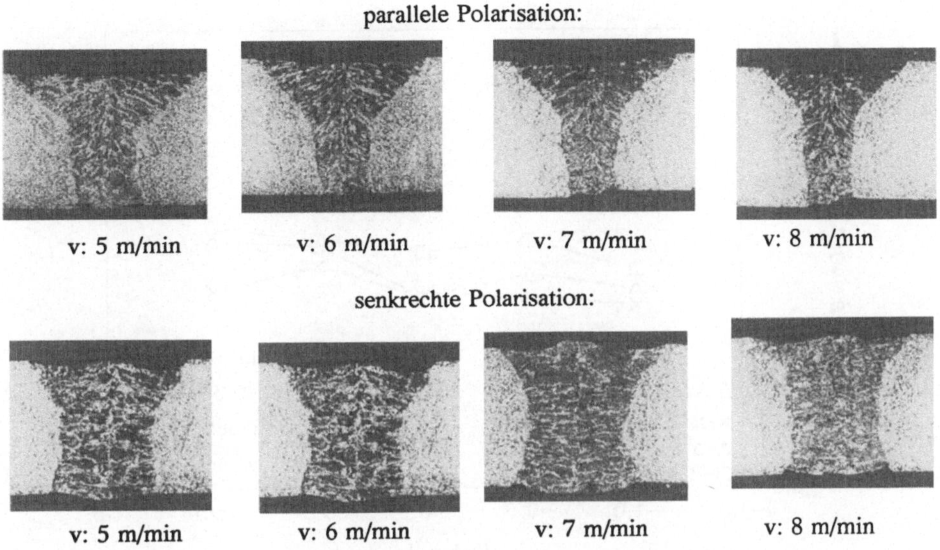

parallele Polarisation:

v: 5 m/min        v: 6 m/min        v: 7 m/min        v: 8 m/min

senkrechte Polarisation:

v: 5 m/min        v: 6 m/min        v: 7 m/min        v: 8 m/min

Bild 7.39:      Schliffe erzeugter Stumpfnähte an 1 mm St 14 (F = 8, $P_L$: 3600 W, $f_z$ = 0).

Deutlich sind die unterschiedlichen, von der Polarisation abhängenden Nahtquerschnittsformen zu erkennen. Eine parallele Polarisation führt zu schmaleren Nahtquerschnitten mit auffällig geringen Breiten in den unteren Nahtzonen. Eine senkrechte Polarisation führt demgegenüber zu breiteren Nahtquerschnitten, bei denen sich aufgrund relativ paralleler Flanken kein ausgeprägter Bereich besonders geringer Nahtbreite ausbildet. Als Ursachen für die deutlich höheren Nahtbreiten im Falle der senkrechten Polarisation sind die günstigeren Absorptionsbedingungen an den Werkstückkanten anzusehen, die in Bild 7.36 erläutert sind.

Die Bilder 7.40 und 7.41 zeigen die abhängig von der Polarisation erhaltenen minimalen Nahtbreiten. Der schon in den Schliffbildern erkennbare deutliche Polarisationseinfluß tritt hier nochmals zutage. Die minimale Nahtbreite geht, wie erwähnt, in die Fehlertoleranz des Verfahrens gegenüber Ungenauigkeiten bei der Führung des Strahls entlang der Fügestellen ein. Eine hohe minimale Nahtbreite war daher eine Zielgröße bei den Schweißungen.

Bild 7.40 zeigt, daß bei paralleler Polarisation der Betrag der minimalen Nahtbreite auf bis zu 0,3 mm absinken kann. Demgegenüber kann bei senkrechter Polarisation stets eine minimale Nahtbreite von mindestens 0,5 mm erwartet werden, siehe Bild 7.41. Die Verwendung einer senkrechten Polarisation erbringt also um 70 % höhere minimale Nahtbreiten und ermöglicht dadurch im selben Maß höhere Toleranzen bei der Führung des Laserstrahls entlang der Stoßverläufe.

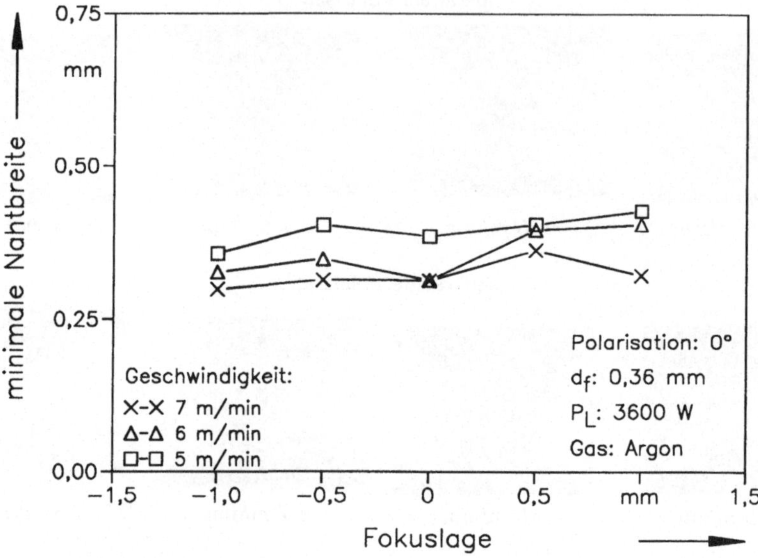


Bild 7.40:     Minimale Nahtbreiten beim Stumpfschweißen von 1 mm Blech St 14 mit paralleler Polarisation.

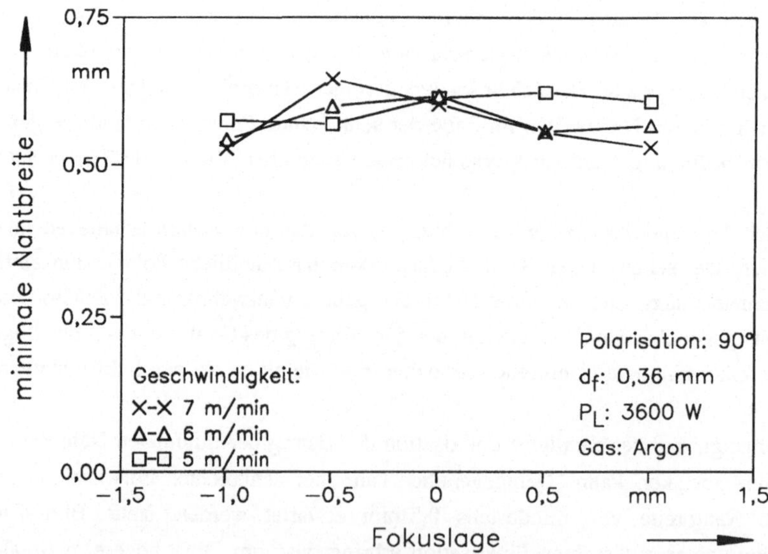


Bild 7.41:     Minimale Nahtbreiten beim Stumpfschweißen von 1 mm Blech St 14 mit senkrechter Polarisation.

## 7.3   Prozeßoptimierung durch gezielte Steuerung der Polarisationsrichtung

Unter dem Aspekt einer Prozeßoptimierung mittels gezielter Steuerung der Polarisationsrichtung sollen in diesem Kapitel wesentliche Erkenntnisse verdichtet werden, die aus den Ergebnissen der Kapitel 7.1 und 7.2 ableitbar sind. Damit werden die durch das entwickelte LIPOR-Gerät (Kapitel 6) in der räumlichen Laserstrahlbearbeitung erstmals nutzbaren Vorteile der Linearpolarisation nochmals deutlich herausgestellt.

### 7.3.1   Steigerung der Verfahrenseffektivität

Steigerungen der Verfahrenseffektivität durch eine gezielte Steuerung der Polarisationsrichtung ergeben sich immer dann, wenn durch diese das Erreichen von Zielgrößen der Bearbeitung bei höheren Bearbeitungsgeschwindigkeiten möglich wird, als sie mit dem konventionellen Stand der Technik, der zirkularen Polarisation, erreichbar wären.

Beim Schneiden ist die vollständige Durchtrennung der Werkstücke eine elementare Zielgröße. Bild 7.42 zeigt beim Laserstrahl-Schmelzschneiden erreichte Maximalgeschwindigkeiten für das Durchtrennen von 1 mm Blech St 14. Eine parallel polarisierte Laserstrahlung erlaubt dabei die höchsten Trenngeschwindigkeiten von bis zu 27,5 m/min. Gegenüber einer zirkularen Polarisation wird die maximale Trenngeschwindigkeit um 20 % gesteigert.

Beim Schweißen ist eine Steigerung der Verfahrenseffektivitäten, je nach verfolgter Zielgröße, auf unterschiedliche Weisen möglich. Ist die Erreichung einer Mindest-Nahttiefe das Ziel, so zeigt Bild 7.42 beispielhaft für die Nahttiefe 1 mm beim Werkstoff St 14, daß durch eine parallele Polarisation die Bearbeitungsgeschwindigkeiten um 20 % gegenüber dem Fall einer zirkularen Polarisation gesteigert werden können.

Ist beim Schweißen die Erreichung einer Mindest-Nahtbreite in der Stoßebene die angestrebte Zielgröße, so kann auch hier eine lineare Polarisation zu einer Steigerung der Effektivität beitragen. Ein Beispiel zeigt Bild 7.43. Darin sind unterschiedliche Wege aufgezeigt, um von einer vorgegebenen Parametereinstellung ausgehend zu größeren Nahtbreiten zu gelangen. Die Betrachtungen in Bild 7.43 gehen von einem vorgegebenen Fokusdurchmesser von 0,18 mm sowie der bislang bei räumlicher Bearbeitung üblichen zirkularen Polarisation aus. Eine Steigerung der erzielbaren Nahtbreite wird auf heute üblichem Weg durch die Ver-

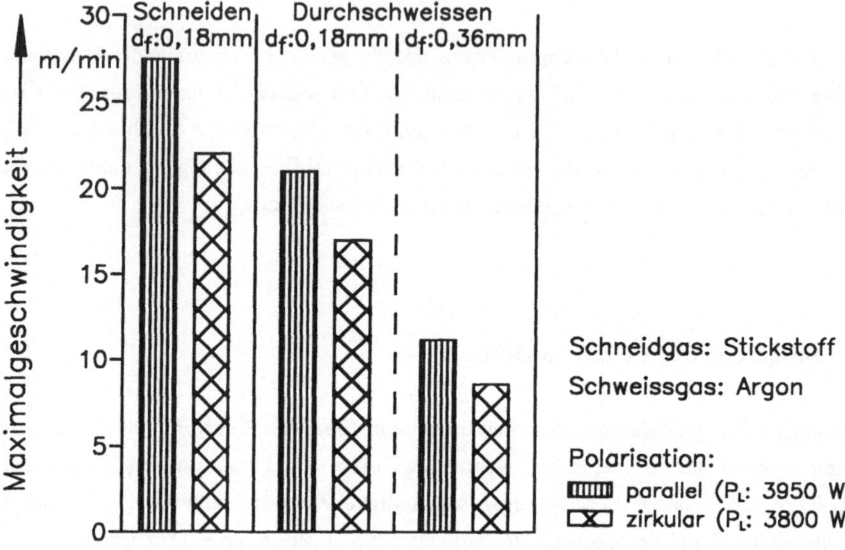



Bild 7.42:　Erreichte Maximalgeschwindigkeiten bei der Bearbeitung von 1 mm Blech St 14.

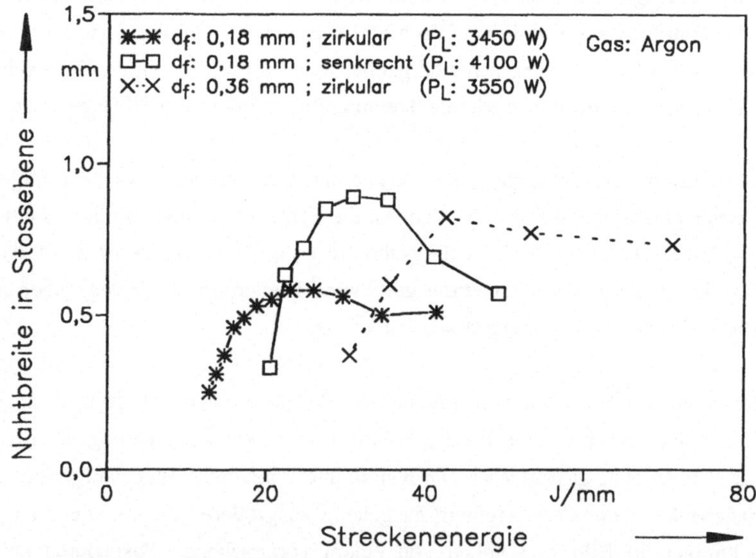



Bild 7.43:　Steigerung der erreichbaren Nahtbreiten, von einer konventionellen Parametereinstellung ausgehend, durch Vergrößerung des Fokusdurchmessers $d_f$ bzw.
durch gezielten Einsatz senkrechter Polarisation.

wendung eines größeren Fokusdurchmessers erreicht, gewöhnlich mittels Vergrößerung der Fokussierzahl. Bild 7.43 zeigt, daß mit einem doppelt so großen Fokusdurchmesser von 0,36mm und zirkularer Polarisation auch tatsächlich höhere Nahtbreiten erreichbar sind.

Der zweite dargestellte Weg zu einer Nahtbreitenerhöhung, der durch eine gezielte Polarisationssteuerung möglich wird, ist die Einstellung einer senkrechten Polarisation. Auf diese Weise lassen sich, wie Bild 7.43 zeigt, unter Beibehaltung des kleineren Fokusdurchmessers mindestens ebenso hohe Nahtbreiten wie auf dem konventionellen Weg einer Fokusdurchmesservergrößerung erzielen, jedoch bei 30 % geringeren Streckenenergien - gleichbedeutend mit 40 % höheren Schweißgeschwindigkeiten.

### 7.3.2   Steigerung der Verfahrenssicherheit

Bei der Liniennaht am Überlappstoß ergeben sich im Falle der Erzeugung großer Nahtbreiten Steigerungen der Verfahrenssicherheit dadurch, daß mit einer gezielt senkrecht orientierten Polarisation für die Erzeugung identischer Nahtbreiten wesentlich geringere Fokusdurchmesser als mit zirkularer Polarisation notwendig sind, siehe Bild 7.43. Es ist bekannt, daß zur stabilen Aufrechterhaltung der für das Laserstrahltiefschweißen notwendigen Dampfkapillare Mindestwerte für die Leistungsdichte der Laserstrahlung nicht unterschritten werden dürfen [2.1]. Die durch Verwendung senkrechter Polarisation möglichen kleineren Fokusdurchmesser bedeuten damit größere Sicherheitsreserven an Leistungsdichte, um die Dampfkapillare stabil aufrechtzuerhalten.

Besteht keine Möglichkeit für eine Steigerung des Fokusdurchmessers, z.B. wegen Annäherung an kritisch niedrige Werte der Leistungsdichte, so kann bei identischen Fokusdurchmessern durch eine senkrechte Polarisation stets noch eine breitere Naht als mit zirkularer Polarisation erreicht werden, siehe Bild 7.44. Dies ermöglicht eine Steigerung der verschweißten Querschnitte und damit eine Erhöhung der Festigkeit der Schweißverbindung, wie sie sonst auf konventionellem Weg nicht erreichbar wäre.

Bei Stumpfstoßschweißungen resultiert eine Steigerung der Verfahrenssicherheit aus der Erzielung wesentlich höherer Werte für die minimalen Nahtbreiten, siehe Bild 7.45. Hier hängen die zulässigen Fehlertoleranzen gegenüber Führungsungenauigkeiten des Laserstrahls entlang der Fügestellen direkt von der erzeugten minimalen Nahtbreite ab, siehe Bild 7.29.

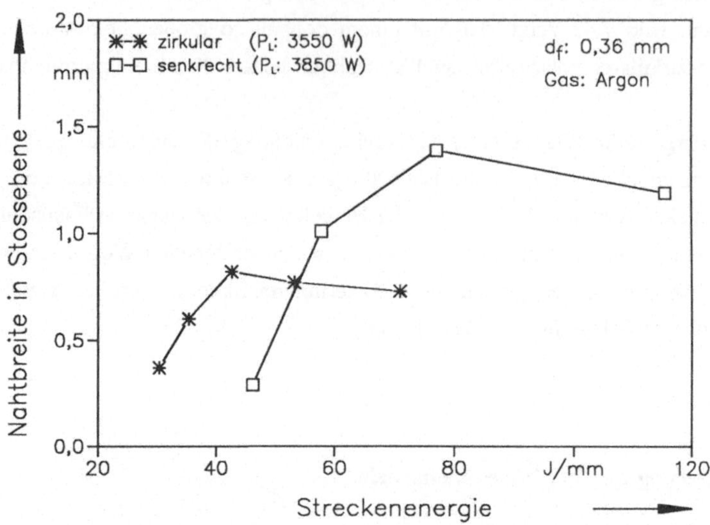

Bild 7.44:     Liniennaht am Überlappstoß aus 2 * 1 mm Blech St 14. Steigerung der Nahtbreiten auf deutlich die Blechdicke übersteigende Werte durch senkrechte Polarisation (F=8).

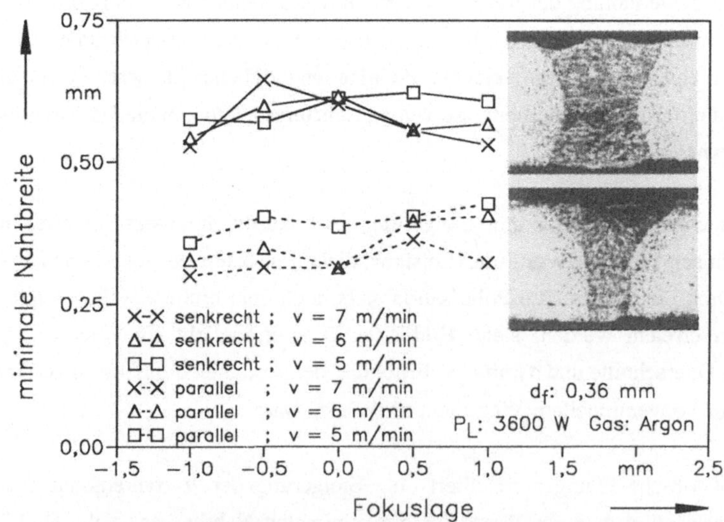

Bild 7.45:     Steigerung der minimalen Nahtbreiten beim Stumpfschweißen von mit paralleler Polarisation vorgeschnittenen 1 mm Blechen St 14, durch gezielte Einstellung einer senkrechten Polarisation zum Schweißen.

Eine Steigerung der minimalen Nahtbreiten durch senkrechte Polarisation, wie sie in Bild 7.45 dokumentiert ist, bedeutet daher stets auch eine Steigerung der Fehlertoleranz des Verfahrens im gleichen Maße.


### 7.3.3   Steigerung der Verfahrensflexibilität

Das neue LIPOR-Gerät erlaubt zwischen aufeinanderfolgenden Bearbeitungsvorgängen, wie auch während eines Bearbeitungsvorganges die flexible Änderung der Polarisationsrichtung. Dadurch kann beispielsweise in einem Arbeitsgang eine Liniennaht am Überlappstoß hergestellt werden, die eine konstante Nahttiefe, jedoch abschnittsweise unterschiedliche, an die Anforderungen angepaßte Nahtbreiten aufweist.

Bild 7.46 illustriert schematisch, wie eine gezielte Steuerung der Polarisationsrichtung bei der Verfahrensfolge Laserstrahlschneiden und Laserstrahlschweißen an Stumpfstößen hilft, sowohl eine hohe Verfahrenseffektivität als auch eine hohe Verfahrenssicherheit zu erreichen. Bei den Verfahrensteilschritten Laserstrahlschneiden werden durch eine gezielt parallel zur Schnittrichtung eingestellte Polarisation um 20 % höhere Schnittgeschwindigkeiten als mit zirkularer Polarisation erreicht. Der dadurch erzielte Gewinn an Verfahrenseffektivität wirkt sich deutlich aus, da das Laserstrahlschneiden zwei der drei Verfahrensteilschritte darstellt. Beim anschließenden Stumpfschweißvorgang ermöglicht die gezielte Umstellung von einer parallelen auf eine senkrechte Polarisation die Erzeugung von Schweißnähten mit einer um 70 % höheren minimalen Nahtbreite. Dies bedeutet eine Steigerung der Fehlertoleranz des Verfahrens gegenüber Führungsungenauigkeiten in der gleichen Höhe.

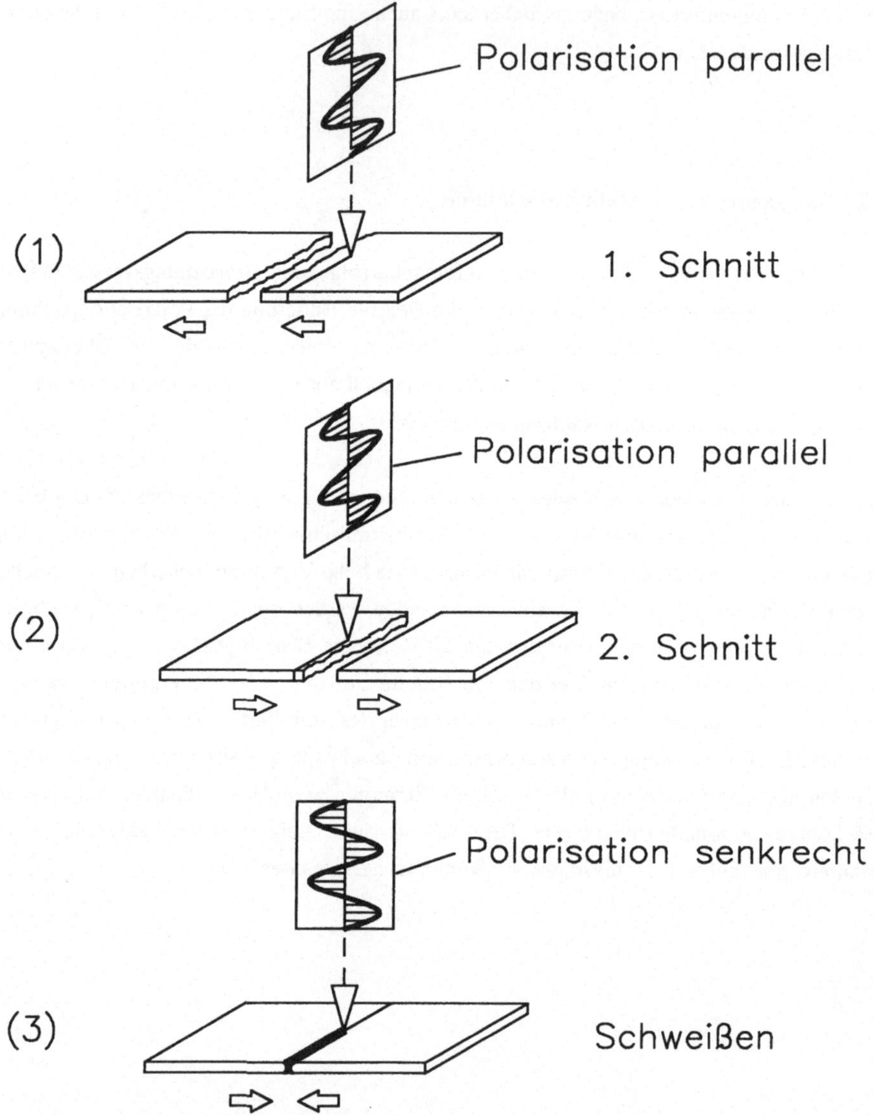


Bild 7.46:    Flexible Anpassung der Polarisationsrichtung an die Erfordernisse der Bearbeitungsteilschritte bei der Verfahrensfolge Laserstrahlschneiden und Laserstrahlschweißen an Stumpfstößen.

# 8 Zusammenfassung und Ausblick

Beim bisherigen Stand der Technik war es mit keinem Bautyp einer Laseranlage möglich, entlang räumlicher Bearbeitungsbahnen eine gezielt zur Bearbeitungsrichtung orientierte lineare Polarisation zu verwenden. Drehbewegungen der Spiegel in den Anlagenstrahlführungen führten indes zu ständigen, nicht beeinflußbaren Änderungen der Polarisationsrichtung am Bearbeitungswerkzeug. Bei robotergeführten Laseranlagen kann sogar entlang geradliniger Bahnen die Polarisationsrichtung nicht konstant gehalten werden.

Nach dem bisherigen Stand der Technik wird daher linear polarisierte Laserstrahlung durch Einsatz von Phasenshiftspiegeln in zirkular polarisierte umgewandelt. Die Orientierung der linearen Polarisation geht dabei als ein Verfahrensparameter, der eine Anpassung der Strahleigenschaften an die Bearbeitungsaufgabe ermöglicht, verloren.

Durch das in dieser Arbeit entwickelte LIPOR-Gerät ist es nun möglich, die Polarisationsrichtung entlang beliebiger räumlicher Bearbeitungsbahnen gezielt zu steuern. Das LIPOR-Gerät besteht aus zwei Geräteteilen, einer angetriebenen mechanisch-optischen Strahldreheinheit und einer Recheneinheit zur Steuerung der Strahldreheinheit.

Die angetriebene mechanisch-optische Strahldreheinheit verursacht eine Drehung des Laserstrahles um dessen eigene Strahlachse. Im üblichen Fall von Laserstrahlen mit rotationssymmetrischen Querschnitten wird dabei als einzige prozeßrelevante Größe die Polarisation in ihrer räumlichen Orientierung gedreht. Das Gerät kann an beliebiger Stelle der Strahlführung einer Laseranlage eingebaut werden.

Die Recheneinheit zur Steuerung des Strahldrehers ermöglicht eine NC-gesteuerte Beeinflussung der Polarisationsrichtung. Dazu müssen der Recheneinheit die kinematischen Eigenschaften der Laseranlage bekannt sein. Bewegungen der Strahlführungsachsen sowie der Werkzeugspitze der Anlage müssen der Recheneinheit ebenfalls bekannt gemacht werden, was vorteilhaft durch eine on-line Übertragung der Daten aus der Laseranlagensteuerung geschieht.

Das entwickelte LIPOR-Gerät wurde in einem Piloteinsatz an einer robotergeführten Laseranlage eingebaut, mit welcher anschließend Untersuchungen zum Laserstrahlschweißen durchgeführt wurden. Ziel der Untersuchungen war eine Dokumentation der durch eine gezielte Steuerung der Linearpolarisation erreichbaren Verfahrensvorteile. Die Schweißungen wurden an St 14 Blech der Dicke 1 mm ausgeführt. Untersucht wurde die Liniennaht am einschnittigen Überlappstoß und die I-Naht am Stumpfstoß.

Am Überlappstoß ermöglichte eine parallele Polarisation die höchsten Schweißgeschwindigkeiten bei der Erreichung vorgegebener Nahttiefen. Gegenüber dem bisherigen Stand der
Technik, der zirkularen Polarisation, wurden die Bearbeitungsgeschwindigkeiten um 20 % erhöht. Mit etwa 4 kW Strahlleistung wurden Durchschweißungen bis knapp 10 m/min erreicht.

Zur Erreichung erhöhter Nahtbreiten in der Stoßebene erwies sich eine senkrechte Polarisation als vorteilhaft. Identische Nahtbreiten wie im Fall zirkularer Polarisation wurden mit
senkrechter Polarisation bei erheblich geringerem Fokusdurchmesser und einer um 40 %
gesteigerten Schweißgeschwindigkeit erreicht.

Zur Erzeugung der I-Naht am Stumpfstoß wurde, um eine Verbesserung der Stoßkantenpassung und der Anpassung des Stoßverlaufes an die von der Laseranlage gefahrene Bahn zu
erreichen, eine dreischrittige Verfahrensfolge aus Laserstrahl-Schmelzschneiden und Laserstrahlschweißen gewählt. Die ersten zwei Verfahrensschritte dienten dem Beschnitt der Stoßkanten, wobei die hohe Wiederholgenauigkeit der robotergeführten Laseranlage von Vorteil
war. Im dritten Verfahrensschritt wurde die Stumpfschweißung ausgeführt.

Beim Laserstrahl-Schmelzschneiden ermöglichte eine parallele Polarisation um 20 % höhere
Schnittgeschwindigkeiten als im Fall zirkularer Polarisation. So wurden mit einer Laserleistung von 4 kW Schnittgeschwindigkeiten bis 27,5 m/min erreicht.

Bei der Erzeugung der Stumpfnähte zeigte sich ein deutlicher Einfluß der Polarisationsrichtung auf die erzeugten minimalen Breiten der Nähte. Die minimalen Nahtbreiten
bestimmen bei Stumpfstoßschweißungen das Maß der tolerierbaren Ungenauigkeiten bei der
Führung des Laserstrahls entlang des Stoßverlaufes. Die durch das LIPOR-Gerät gegebene
Möglichkeit, nach den mit paralleler Polarisation ausgeführten Schnitten zum Schweißen
gezielt eine senkrechte Polarisation einzustellen, führte zu einer Erhöhung der minimalen
Nahtbreiten - und damit der Fehlertoleranzen - um 70 %.

Die Ergebnisse der vorliegenden Arbeit zeigen, daß durch eine gezielte Steuerung der Polarisation sowohl die Verfahrenseffektivität als auch die Verfahrenssicherheit und Verfahrensflexibilität des Laserstrahlschweißens gesteigert werden kann. Dies kann sowohl unter
wirtschaftlichen als auch technologischen Aspekten zu einer weiteren Verbreitung des
Laserstrahlschweißens beitragen. Über die Ergebnisse dieser Arbeit hinaus sind Steigerungen
der Verfahrenseffektivitäten durch eine gezielt eingesetzte Linearpolarisation vor allem auch
für das Laserstrahlhärten und Laserstrahllegieren bekannt [8.1, 8.2].

# 9 Literatur


[1.1] HÜGEL, H.; KLINGEL, H.: *Schneiden von Blechen mit Laserstrahl*. In: Siegert, K. (Hrsg.): Neuere Entwicklungen in der Blechumformung. Oberursel: DGM, 1990, S. 115.

[1.2] WEICK, J.M.; WOLLERMANN, R.: *Laser cutting of sheet metal in modern manufacturing*. In: Kimmitt, M.F. (Hrsg.): Proc. of 2nd Int. Conf. Lasers in Manufacturing (Birmingham). Bedford (UK): IFS, 1985, S. 47.

[1.3] HÜGEL, H.: *Hochleistungslaser in der Fertigungstechnik*. In: Vorträge zum Fertigungstechnischen Kolloquium FTK '88 in Stuttgart. Berlin: Springer, 1988, S. 121.

[1.4] Norm DIN 1910 Teil 2, 1977. *Schweißen - Schweißen von Metallen, Verfahren*. Berlin: Beuth.

[1.5] WAHL, R.; BLOEHS, W.; DAUSINGER, F.: *Genauigkeitsanforderungen beim Laserstrahlschweißen mit Industrierobotern*. In: Waidelich, W. (Hrsg.): Vorträge des 9. Int. Kongr. Laser 89 Optoelektronik in der Technik. Berlin: Springer, 1990, S. 558.

[1.6] LINDEN, P.: *Laserstrahlschweißen: Mehr als eine Substitution*. In: VDI-Z 132 (1990), Nr. 1. Düsseldorf: VDI, S. 46.

[1.7] LÜTTKE, H.: *Laser-Bearbeitung von Motor- und Getriebeteilen*. In: Vortragsband zum BIAS Laser-Forum '90, Laser-Materialbearbeitung für den Automobilbau, Bd. 2. Bremen: BIAS, 1990, S. 65.

[1.8] PRANGE, W.; SCHMITZ, H.; SCHNEIDER, C.: *Tailored Blanks: A Material for New Ways of Design*. In: Proceedings of 23rd ISATA-Conference 1990 at Vienna. Croydon (Surrey, UK): ISATA-Secretariat, 1990, S. 342.

[1.9] AZUMA, K. et al.: *Laser Welding Technology of Joining Different Sheet Metal for One-Piece Stamping*. In: Proceedings of 23rd ISATA-Conference 1990 at Vienna. Croydon (Surrey, UK): ISATA-Secretariat, 1990, S. 350.

[1.10] POLLMANN, W.: *Der Laser in der Karosseriefertigung*. In: Vorträge der Abschlußpräsentation des BMFT-Verbundprojektes "3D- Bearbeiten mit $CO_2$-Hochleistungslasern". Düsseldorf: VDI, 1992, S. 67.

[1.11] BREUN, F.; REINHART, G.: *Laserstrahlschweißen in der Karosseriefertigung*. In: Vortragsband zum BIAS Laser-Forum '90, Laser-Materialbearbeitung für den Automobilbau, Bd. 2. Bremen: BIAS, 1990, S. 77.

[1.12] HOFFMANN, P.: *Verfahrensfolge Laserstrahlschneiden und -schweißen*. München: Hanser, 1992 (Reihe Fertigungstechnik Erlangen, Bd. 29). Universität Erlangen, Dissertation, 1991.

[1.13]  PHILIPP, W.: *Regelung mechanisch steifer Direktantriebe für Werkzeugmaschinen.*
Berlin: Springer, 1992 (Reihe ISW Forschung und Praxis, Bd. 92). Universität
Stuttgart, Dissertation, 1991.

[1.14]  WANNER, M.C.: *Rechnergestützte Verfahren zur Auslegung der Mechanik von
Industrierobotern.* Berlin: Springer, 1989 (Reihe IPA-IAO Forschung und Praxis, Bd.
130). Universität Stuttgart, Dissertation, 1988.

[1.15]  GARNICH, F.; SCHWARZ, H.: *Laser führt Laser - Intelligenter Schweißnahtfolge-
sensor beschleunigt Laserstrahlschweißen.* Roboter 5 (1990), S. 14.

[1.16]  EVERSHEIM, W. (Hrsg.): *Lasergerechte Konstruktion und Fertigung: Stand der
Technik und Potentiale.* Düsseldorf: VDI, 1992.

[1.17]  IMHOFF, R.; BEHLER, K.; BEYER, E.: *Der Laser im Karosseriebau - Substitution
oder Ergänzung herkömmlicher Schweißverfahren ?.* Schweißen und Schneiden 40
(1988), Nr. 9, S. 446.

[1.18]  HAFERKAMP, H.; KINZEL, A.; BENECKE, R.: *Lasergerecht gestalten.* Laser-
Praxis, Mai 1992. München: Hanser, S. 39.

[2.1]  HÜGEL, H.: *Strahlwerkzeug Laser: eine Einführung.* Stuttgart: Teubner, 1992.

[2.2]  HÜGEL, H.: $CO_2$*-Hochleistungslaser.* Laser und Optoelektronik, 20 (2), 1988, S. 68.

[2.3]  SCHOCK, W.; GIESEN, A.; JACOBY, H.; HÜGEL, H.: *Quergeströmter $CO_2$-Laser
mit Hochfrequenzanregung - ein skalierbares Konzept für die Materialbearbeitung.* In:
VDI-Berichte, Band 535. Düsseldorf: VDI, 1984, S. 25.

[2.4]  HÜGEL, H.; SCHOCK, W.; GIESEN, A.; HALL, T.; WITTWER, W.: $CO_2$*-Hoch-
leistungslaser mit transversaler RF-Anregung.* In: Waidelich, W. (Hrsg.): Vorträge des
7. Int. Kongr. Laser 85 Optoelektronik in der Technik. Berlin: Springer, 1986, S. 40.

[2.5]  Norm DIN V 18730, 1991. *Grundbegriffe der Lasertechnik: Laser und Laseranlagen.*
Berlin: Beuth.

[2.6]  WEBER, H.; HERZIGER, G.: *Laser: Grundlagen und Anwendungen.* Weinheim:
Physik Verlag, 1972.

[2.7]  ZOSKE, U.; GIESEN, A.; HÜGEL, H.: *Strahlformung von $CO_2$-Laserstrahlung.* In:
Waidelich, W. (Hrsg.): Vorträge des 9. Int. Kongr. Laser 89 Optoelektronik in der
Technik. Berlin: Springer, 1990, S. 98.

[2.8]  WAGNER, H.P.; BORIK, S.; GIESEN, A.: *Änderung der Eigenschaften optischer
Komponenten bei Bestrahlung.* In: Waidelich, W. (Hrsg.): Vorträge des 9. Int. Kongr.
Laser 89 Optoelektronik in der Technik. Berlin: Springer, 1990, S. 789.

[2.9]   BEA, M.; BORIK, S.; GIESEN, A.: *Adaptive Optik für $CO_2$-Hochleistungslaser*. In: Waidelich, W. (Hrsg.): Vorträge des 9. Int. Kongr. Laser 89 Optoelektronik in der Technik. Berlin: Springer, 1990, S. 446.

[2.10]  BEA, M.; BORIK, S.; GIESEN, A.; ZOSKE, U.: *Transient Behaviour of Optical Components and their Corrections by Adaptive Optical Elements*. In: Proc. of the Materials Processing Conference ICALEO '90. Orlando (Fl): Laser Institute of America (LIA), 1991, S. 83 (LIA Vol. 71).

[2.11]  SCHOTTELIUS, H.U.; GEIGER, M.; HOFFMANN, P.: *Adaptive Optik für die prozeßoptimierte Fokussierung in Laserbearbeitungsmaschinen*. In: Waidelich, W. (Hrsg.): Vorträge des 10. Int. Kongr. Laser 91 Optoelektronik in der Technik. Berlin: Springer, 1992, S. 652.

[2.12]  ORDAL, M.A. et al.: *Optical properties of the metals Al, Co, Cu, Au, Fe, Pb, Ni, Pd, Pt, Ag, Ti and W in the infrared and far infrared*. Applied Optics, Vol. 22 (1983), No. 7, S. 1099.

[2.13]  BOLOTIN, G.A.; KIRILLOVA, M.M.; MAYEVSKIY, V.M.: *Optical Properties of Fe*. Phys. Met. Metallogr. 27 (1969), Nr. 2, S. 31.

[2.14]  BRÜCKNER, M.; SCHÄFER, J.H.; UHLENBUSCH, J.: *Ellipsometric measurement of the optical constants of solid and molten aluminum and copper at $\lambda = 10.6\ \mu m$*. Journal of Applied Physics 66 (3), 1989, S. 1326.

[2.15]  DRUDE, P.: *Zur Elektronentheorie der Metalle*. In: Annalen der Physik, vierte Folge, Band 1. Leipzig: Johann Ambrosius Barth Verlag, 1900, S. 566.

[2.16]  DAUSINGER, F.; RUDLAFF, T.; SHEN, J.: *Einkopplung von CO-Laserstrahlen*. Laser und Optoelektronik, 23 (1), 1991, S. 43.

[2.17]  O'SHEA, D.; CALLEN, W.R.; RHODES, W.: *Introduction to Lasers and their Applications*. Amsterdam: Addison-Wesley, 1977.

[2.18]  CLEEMANN, L. (Hrsg.): *Schweißen mit $CO_2$-Hochleistungslasern*. Technologie Aktuell, Band 4. Düsseldorf: VDI, 1987.

[2.19]  BERGMANN, L.; SCHAEFER, C.: *Lehrbuch der Experimentalphysik*, Band 3 Optik. Berlin: Walter de Gruyter, 1978.

[2.20]  EICHLER, J.; EICHLER, H.J.: *Laser: Grundlagen, Systeme, Anwendungen*. Berlin: Springer, 1989.

[3.1]   KLEMENS, P.G.: *Heat balance and flow conditions for electron beam and laser welding*. J. Appl. Phys. 47 (1976), S. 2165.

[3.2]   KRISTENSEN, J.K.; HANSSON, L.H.; SMIDTH, F.L.: *Key-hole formation, temperature distribution and thermal cycle in electron beam welding*. In: Electron and Laser beam welding: Proc. of the Int. Conf. held in Tokyo, Japan, 14-15 July 1986. Oxford: Pergamon Press, 1986, S. 119.

[3.3]   SCHELLHORN, M.: *Transient Thermocapillary Flow induced by $CO_2$-Laser Heating*. In: Bergmann, H. (Hrsg.): European Scientific Laser Workshop on Mathematical Simulation. Coburg: Sprechsaal Publishing, 1989, S. 161.

[3.4]   BECK, M.; BERGER, P.; HÜGEL, H.: *Modelling of Keyhole/Melt Interaction in Laser Deep Penetration Welding*. In: Mordike, B.L. (Hrsg.): Laser Treatment of Materials. Oberursel: DGM, 1992, S. 693.

[3.5]   BECK, M.; DAUSINGER, F.; HÜGEL, H.: *Studie zur Energieeinkopplung beim Tiefschweißen mit Laserstrahlung*. Laser und Optoelektronik 21 (1989), Nr. 3, S. 80.

[3.6]   BEYER, E.; BEHLER, K.; HERZIGER, G.: *Influence of laser beam polarisation in welding*. In: Hügel, H. (Hrsg.): Proc. of 5th Int. Conf. Lasers in Manufacturing (Stuttgart). Berlin: Springer, 1988, S. 233.

[3.7]   BEHLER, K.; BEYER, E.; SCHULZ, W.; WOLF, N.; WELSING, O.: *Accomodation of polarisation and shaping in laser beam welding*. In: Hügel, H. (Hrsg.): Proc. of 5th Int. Conf. Lasers in Manufacturing (Stuttgart). Berlin: Springer, 1988, S. 187.

[3.8]   BEHLER, K.; BEYER, E.; WOLF, N.; WELSING, O.: *S-Polarization Laser Beam Welding*. In: Waidelich, W. (Hrsg.): Vorträge des 10. Int. Kongr. Laser 91 Optoelektronik in der Technik. Berlin: Springer, 1992, S. 547.

[3.9]   DUCHARME, R.; KAPADIA, P.; DOWDEN, J.; WILLIAMS, K.; STEEN, W.M.: *An Integrated Mathematical Model of the Keyhole and Weldpool in the Laser Welding of Thin Metal Sheets*. In: Laser Applications Conference ICALEO '92. Orlando (Fl): Laser Institute of America (LIA). Zur Veröffentlichung vorgesehen.

[3.10]  BEYER, E.; BEHLER, K.; HERZIGER, G.: *Plasma absorption effects in welding with $CO_2$ lasers*. In: Quenzer, A. (Hrsg.): High Power $CO_2$ Laser Systems and Applications, 1988, Hamburg. Bellingham (Wa): SPIE, 1988, S. 84 (SPIE Proceedings Series, Vol. 1020).

[3.11]  ANTONY, Ph.; CAPAZZI, J.H.; POWERS, D.E.: *Multi-dimensional laser processing systems*. In: Duley, W.W. (Hrsg.): Laser processing: Fundamentals, Applications and Systems Engineering, 1986, Quebec. Bellingham (Wa): SPIE, 1986, S. 265 (SPIE Proceedings Series, Vol. 668).

[3.12]  SCHMID, D.; NOWAK, H.; MICHALAK, E.: *Dynamische Eigenschaften programmgeführter und sensorgeführter Industrieroboter*. KFK-PFT 127. Karlsruhe: Ges. f. Kernforschung, 1986.

[3.13] RIPPL, P.; ENGLHARD, A.: *Abschlußbericht: Schweißtechnische Untersuchungen von räumlich gekrümmten Bauteilen.* Verbundprojekt: 3 D Bearbeitung mit $CO_2$-Hochleistungslasern. Düsseldorf: VDI, 1992.

[3.14] PRITSCHOW, G.; KLINGEL, H.; BAUDER, M.; HORN, A.: *Erhöhung der Bahngenauigkeit von Industrierobotern.* Robotersysteme 8, 1992, S. 162.

[3.15] PRITSCHOW, G.; HORN, A.; GREFEN, K.: *Dynamisches Verhalten und Grenzen sensorgeführter Industrieroboter mit vorausblickendem Sensor.* Robotersysteme 8, 1992, S. 155.

[3.16] BARTHEL, K.; GORRIZ, M.: *Sensor lenkt den Laserstrahl.* Industrieanzeiger (99), 1991, S. 36.

[3.17] TRUNZER, W.; GARNICH, F.; SCHWARZ, H.: *CAD/CAM-Schiene konsequent realisiert.* Industrie-Anzeiger 93, 1991, S. 64.

[3.18] RIPPL, P.: *Dreidimensionale Materialbearbeitung mit robotergeführtem Laserstrahl.* In: Przyklenk, K. (Hrsg.): Vortragsband der Tagung: Spezialisierte Industrieroboter als Bestandteil von Systemlösungen. Bad Nauheim: Schriftenreihe Praxis-Forum, Fachbroschüre Fertigungstechnik, 1990.

[3.19] RIPPL, P.: *Robotic Gas Metal-Arc Welding in low- and high-volume Manufacturing with special Consideration of the Process Technology.* Proc. of the 23rd International Symposium on Industrial Robots. Barcelona: AER - ISIR, 1992, S. 263.

[3.20] HOHBERG; G.: *Beam delivery systems for high power lasers.* In: Schuöcker, D. (Hrsg.): High Power Lasers and their Industrial Application, 1986, Innsbruck. Bellingham (Wa): SPIE, 1986, S. 118 (SPIE Proceedings Series, Vol. 650).

[3.21] GARNICH, F.: *Laserbearbeitung mit Robotern.* Berlin: Springer, 1992 (Reihe IWB Forschungsberichte, Nr. 50). Universität München, Dissertation, 1992.

[3.22] WARNECKE, H.J.; SCHRAFT, R.D.: *Industrieroboter Katalog.* Mainz: Vereinigte Fachverlage, 1991.

[3.23] HAMMANN, G.; RENZ, B.: *Roboter zur Laserbearbeitung.* Seminar: Aktuelle Entwicklungen in der Robotersystemtechnik. Stuttgart: FISW GmbH, 1991, S. 132.

[3.24] SCHRAFT, R.D.; HARDOCK, G.; KÖNIG, M.: *Leichter in der Roboterhand.* In: VDI-Z 131 (1989), Nr. 6. Düsseldorf: VDI, S. 84.

[3.25] OPOWER, H.: *Dreidimensionales Schweißen mit rechteckigen Strahlprofilen.* In: VDI-Berichte, Band 535. Düsseldorf: VDI, 1984, S. 139.

[3.26] PERLO, P. (Centro Ricerche FIAT, Head of Optical Laboratories): Diskussion. 1993-01-20

[5.1] ZOSKE, U.; BEA, M.; FRITZ, D.; GIESEN, A.: *A Beam Guiding System Combining Several Lasers with Various Working Stations*. In: Proc. of the Materials Processing Conference ICALEO '90. Orlando (Fl): Laser Institute of America (LIA), 1991, S. 52 (LIA Vol. 71).

[5.2] BEA, M.; HENNIG, W.: *Laserstrahlen aus der Steckdose*. Technische Rundschau 34, 1990, S. 46.

[5.3] GIESEN, A.; BORIK, S.; SCHREINER, U.; DAUSINGER, F.: *Vermessung fokussierender Systeme für Hochleistungs-$CO_2$-Laser*. In: Waidelich, W. (Hrsg.): Vorträge des 8. Int. Kongr. Laser 87 Optoelektronik in der Technik. Berlin: Springer, 1987, S. 483.

[5.4] ZOSKE, U.: *Modell zur rechnerischen Simulation von Laserresonatoren und Strahlführungssystemen*. Stuttgart: Teubner, 1992 (Reihe Forschungsberichte des IFSW). Universität Stuttgart, Dissertation, 1992.

[5.5] Richtlinie VDI 2861 Blatt 3, 1988. *Kenngrößen für Industrieroboter: Prüfung der Kenngrößen*. Düsseldorf: VDI.

[5.6] Richtlinie VDI 3427 Blatt 1, 1977. *Numerisch gesteuerte Arbeitsmaschinen: Dynamisches Verhalten von numerischen Bahnsteuerungen an Werkzeugmaschinen. Begriffe und Merkmale*. Düsseldorf: VDI.

[5.7] Normentwurf DIN 32517 Teil 3, 1993. *Abnahmeprüfungen für $CO_2$-Laserstrahlanlagen zum Schweißen und Schneiden*. Berlin: Beuth.

[5.8] N.N.: *Handbuch RCM 3, Rechnerteil: Bedienung*. KUKA-Dokumentations-Modul-Nr.: RE 11.03 d.

[5.9] KEILMANN, F.; HACK, R.; DAUSINGER, F.: *Polarisation gives lasers a new cutting edge*. Opto & Laser Europe (1), 1992, S. 20.

[5.10] BERGER, P.; EDLER, R.; KREPULAT, W.; HÜGEL, H.: *Bearbeitungskopf für eine Vorrichtung zum Schneiden von Werkstücken mit Licht- oder Teilchenstrahlung*. Dt. Patentanmeldung P 41 18 693.1, 1991.

[5.11] EDLER, R.; BERGER, P.: *Vorstellung eines neuen Düsenkonzeptes zum Lasertrennen*. Laser und Optoelektronik 23 (1991) Nr. 5, S. 54.

[6.1] JOHNSTON, L.H.: *Broadband polarization rotator for the infrared*. Applied Optics 16 (1977), No. 4, S. 1082.

[6.2]   BERGER, M.; CHMELIR, M.: *Beam-Delivery Components for CO$_2$-Laser Robots*. In: Proceedings of 23rd ISATA-Conference 1990 at Vienna. Croydon (Surrey, UK): ISATA-Secretariat, 1990, S. 395.

[6.3]   BORN, M.; WOLF, E.: *Principles of Optics. Electromagnetic Theory of Propagation, Interference and Diffraction of Light*. Oxford: Pergamon Press, 1980.

[7.1]   Norm EN 10130, 1991. *Kaltgewalzte Flacherzeugnisse aus weichen Stählen zum Kaltumformen*. Berlin: Beuth.

[7.2]   Norm DIN 1623 Teil 2, 1986. *Kaltgewalztes Band und Blech. Technische Lieferbedingungen*. Berlin: Beuth.

[7.3]   Norm DIN 1912 Teil 1, 1976. *Schweißen, Löten. Begriffe und Benennungen für Schweißstöße, -fugen, -nähte*. Berlin: Beuth.

[7.4]   HAFERKAMP, H.; BENECKE, R.: *Qualitätskontrolle beim dreidimensionalen Laserstrahlschweißen für die Automobilindustrie*. In: DVS-Berichte Band 135, Strahltechnik. Düsseldorf: DVS-Verlag, 1991, S. 64.

[7.5]   Norm DIN 8563 Teil 11, 1992. *Elektronenstrahl- und Laserstrahl-Schweißverbindungen an Stahl. Bewertungsgruppen für Unregelmäßigkeiten*. Berlin: Beuth.

[7.6]   WERNER, E. (SLV Fellbach, Bereich Werkstoffkunde und Werkstoffprüfung): Diskussion. 1993-03-19

[7.7]   JÜPTNER, W.: *On-line Diagnostic for Laser Surfacing Techniques*. In: Sepold, G. (Hrsg.): Laser Beam Surface Treating and Coating, 1988, Dearborn (Mi). Bellingham (Wa): SPIE, 1988, S. 76 (SPIE Proceedings Series, Vol. 957).

[7.8]   Norm DIN 1912 Teil 2, 1977. *Schweißen, Löten. Arbeitspositionen, Nahtneigungswinkel, Nahtdrehwinkel*. Berlin: Beuth.

[7.9]   OLSEN, F.O.: *Cutting with polarized laser beams*. In: DVS-Berichte Band 63, Strahltechnik. Düsseldorf: DVS-Verlag, 1980, S. 197.

[7.10]  MOHR, U.: *Geschwindigkeitsbestimmende Strahleigenschaften und Einkoppelmechanismen beim CO$_2$-Laserschneiden von Metallen*. Stuttgart: Teubner, 1993. Universität Stuttgart, Dissertation, 1993.

[7.11]  PETRING, D.; ABELS, P.; BEYER, E.; HERZIGER, G.: *Werkstoffbearbeitung mit Laserstrahlung, Teil 10*. Feinwerktechnik & Messtechnik 96 (1988), 9, S. 364.

[7.12]  Normentwurf DIN 2310 Teil 5, 1989. *Laserstrahlschneiden von metallischen Werkstoffen. Verfahrensgrundlagen, Güte, Maßtoleranzen*. Berlin: Beuth.

[7.13]  Norm DIN 4768, 1990. *Ermittlung der Rauheitskenngrößen $R_a$, $R_z$, $R_{max}$ mit elektrischen Tastschnittgeräten*. Berlin: Beuth.

[7.14]  Norm DIN 4774, 1981. *Messung der Wellentiefe mit elektrischen Tastschnittgeräten*. Berlin: Beuth.

[8.1]  DAUSINGER, F.; RUDLAFF, T.: *Novel Transformation Hardening Technique Exploiting Brewster Absorption*. In: Proceedings of International Conference on Laser Advanced Materials Processing (LAMP) 1987. Osaka, 1987, S. 323.

[8.2]  DAUSINGER, F.; BECK, M.; LEE, J.H.; MEINERS, E.; RUDLAFF, T.; SHEN, J.: *Energy Coupling in Surface Treatment Processes*. Journal of Laser Applications 3 (1990), No. 3-4, S. 17.